普通高等教育"十三五"规划教材

C语言程序设计教程

主　编　康亚男　王　帆　刘伟峰

副主编　王福宁　焦小炜　闫爱平　周　瑛　刘翠焕　张　鹏

WUHAN UNIVERSITY PRESS
武汉大学出版社

图书在版编目(CIP)数据

C 语言程序设计教程/康亚男,王帆,刘伟峰主编.—武汉:武汉大学出版社,2016.6

普通高等教育"十三五"规划教材

ISBN 978-7-307-17896-0

Ⅰ.C…　Ⅱ.①康…　②王…　③刘…　Ⅲ.C 语言—程序设计—高等学校—教材　Ⅳ.TP312

中国版本图书馆 CIP 数据核字(2016)第 118840 号

责任编辑:林　莉　　　责任校对:李孟潇　　　版式设计:马　佳

出版发行:**武汉大学出版社**　　(430072　武昌　珞珈山)

　　　　　(电子邮件:cbs22@ whu.edu.cn 网址:www.wdp.com.cn)

印刷:湖北恒泰印务有限公司

开本:787×1092　1/16　印张:15.25　字数:392 千字　插页:1

版次:2016 年 6 月第 1 版　　　2016 年 6 月第 1 次印刷

ISBN 978-7-307-17896-0　　　定价:35.00 元

前　言

　　计算机诞生至今不过几十年的时间，但人们的学习、工作、生活、娱乐的方方面面都已经离不开计算机和计算机技术了。在计算机技术的各个组成部分中，软件设计占有重要的地位。

　　程序设计是学习软件设计的入门课程，是进一步学习"面向对象程序设计"、"数据结构"、"算法设计与分析"等课程的基础。程序设计以编程语言为平台，介绍程序设计的思想和方法。通过"C语言程序设计"课程的学习，学生不仅要掌握高级程序设计语言的知识，还要在实践中逐步掌握程序设计的基本思想和方法。

　　C语言是一种历史悠久的程序设计语言。今天的C++、Java、PHP以及.NET中的C#和Visual Basic.NET等，都是以C语言为基础的。C语言具有表达能力强、功能丰富、目标程序质量高、可移植性好、使用灵活等特点。C语言既具有高级语言的优点，又具有低级语言的某些特性，特别适合于编写系统软件和嵌入式软件。C语言的上述特点使得我国绝大部分高等院校都把C语言作为计算机和非计算机专业的第一门程序设计语言课程。全国计算机等级考试、全国计算机应用技术证书考试也都将C语言列入考试范围。

　　目前国内外的C语言教材很多，但很多教材重理论轻实践，多介绍C语言的相关语法和一些编程技巧，而对如何编写高质量的应用程序涉及甚少。本书编写的初衷就是要给C语言的学习者提供更多的动手机会，加强学习者对程序设计和C语言概念、原理和规则的理解，培养学习者形成良好的编程风格和工程纪律，为学习者进一步学习其他程序设计语言打下基础。

　　本书共分11章。由康亚男、王帆、刘伟峰主编。王福宁、焦小炜、闫爱平、周瑛、刘翠焕、张鹏参加编写工作。三位主编统编全书。

　　由于时间紧迫，编者水平有限，书中错误及疏漏之处在所难免，敬请读者批评指正。

编　者

2016 年 4 月

普通高等教育『十三五』规划教材

1

第1章 C语言概述

本章介绍了计算机程序设计语言的功能、算法的概念及其描述、C语言的发展历史、C语言的特点、C程序的结构和C程序的上机步骤。学习本章，要求重点掌握算法的描述、C程序的结构和上机运行C程序的方法。学完本章之后，读者将对程序设计以及C语言有一个初步的完整印象。

1.1 C语言的历史背景及其特点

C语言是国际上广泛流行的高级程序设计语言，是目前程序设计领域中具有较大影响的程序设计语言之一，它既可以用来编写系统软件，也可以用来编写应用软件。

1.1.1 C语言的历史背景

语言是人们交换思想的工具，我们日常生活中使用的汉语、英语等称为自然语言。计算机诞生以后，人们要指挥计算机工作就产生了计算机语言。用于程序设计的计算机语言基本上可分为三种：机器语言、汇编语言和高级语言。

1. 机器语言

计算机诞生的初期，人们使用的计算机语言仅由计算机能够识别的0和1代码组成，被称为机器语言。下面是某CPU指令系统中的两条指令：

1 0 0 0 0 0 0 0 （进行一次加法运算）

1 0 0 1 0 0 0 0 （进行一次减法运算）

用机器语言编程序，就是从所使用的CPU的指令系统中挑选合适的指令，组成一个指令序列。这种程序虽然可以被机器直接理解和执行，却由于它们不直观、难记、难认、难理解、不易查错，只能被少数专业人员掌握，并且编写程序的效率很低，质量难以保证，这使计算机的推广使用受到了极大的限制。

2. 汇编语言

为减轻人们在编程中的劳动强度，20世纪50年代中期，人们开始用一些英文助记符号来代替0、1代码编程，于是便产生了符号语言(或称汇编语言)。如前面的两条机器指令可以写为

ADD A，B

SUB A，B

用汇编语言编程，程序的编写效率及质量都有所提高。但是，汇编语言指令是机器不能直接识别和执行的，而要先编译成机器语言程序才能被机器识别和执行。将汇编语言程序转换成为二进制代码表示的机器语言的程序称为汇编程序，经汇编程序"汇编(翻译)"得到的机器语言程序称为目标程序，原来的汇编语言程序称为源程序。由于汇编语言指令与机器语

普通高等教育『十三五』规划教材

言指令基本上具有一一对应的关系，所以汇编语言源程序的代换可以由汇编系统以查表的方式进行。用汇编语言编写的程序效率高，占用存储空间小，运行速度快。而且用汇编语言能编写出非常优化的程序。

汇编语言和机器语言都不能脱离具体机器即硬件，均是面向机器的语言。不同类型的计算机所用的汇编语言和机器语言是不同的，缺乏通用性，因此，汇编语言被称为低级语言。用面向机器的语言编程，可以编出效率极高的程序，但是程序员用它们编程时，不仅要考虑解题思路，还要熟悉机器的内部结构，并且要"手工"地进行存储器分配，因而其劳动强度仍然很大，给计算机的普及推广造成了很大的障碍。

3. 高级语言

1954 年出现的 FORTRAN 语言以及随后相继出现的其他高级语言，开始使用接近人类自然语言的、但又消除了自然语言中的二义性的语言来描述程序。高级语言不受具体机器的限制，使用了许多数学公式和数学计算上的习惯用语，非常擅长于科学计算。用高级语言编写的程序通用性强，直观、易懂、易学，可读性好。到目前为止，世界上有数百种高级语言，常用的有几十种，如 FORTRAN、PASCAL、C、LISP、COBOL 等。这些高级语言使人们开始摆脱进行程序设计必须先熟悉机器的桎梏，把精力集中于解题思路和方法上，使计算机的使用得到了迅速普及。

C 语言是高级程序设计语言，由 ALGOL 60 逐渐演变而来的。早在 1963 年，英国剑桥大学根据当时流行的高级语言 ALGOL 60 推出一种接近于硬件的语言 CPL(combind programming language)。1967 年，英国剑桥大学 Martin Richards 为编写操作系统软件和编译器，针对当时的 CPL 语言提出一种改进的语言，称为 BCPL(basic combined programming language)语言。

20 世纪 60 年代，Bell 实验室的 Ken Thompson 着手开发后来对计算机产生了巨大影响的 UNIX 操作系统。为了描述 UNIX，Thompson 首先将 BCPL 语言改进为他称为 B 的语言。1970 年 Thompson 发表了用汇编语言和 B 语言写成的 PDP-7 上实现的 UNIX 初版。BCPL 和 B 语言都是"数据无类型"语言，即每一个数据项都占用内存中的一个字，处理数据项的任务落在了程序员的身上。

1971 年，Dennis Ritchie 开始协助 Thompson 开发 UNIX。他对 B 语言做了进一步的充实和完善，加入数据类型和新的句法，于 1972 年在一台 DEC PDP-11 计算机上实现了最初的 C 语言(取 BCPL 的第 2 个字母)。为了推广 UNIX 操作系统，1977 年 Dennis M. Ritchie 发表了不依赖于具体机器系统的 C 语言编译文本《可移植的 C 语言编译程序》。从此，C 语言借助 UNIX 操作系统而得以快速传播，UNIX 操作系统也由于 C 语言而得以快速移植并落地生根，两者相辅相成。1978 年 Brian W. Kernighian 和 Dennis M. Ritchie 出版了名著《The C Programming Language》，从而使 C 语言成为目前世界上流行广泛的高级程序设计语言之一。以后，又有多种程序设计语言在 C 语言的基础上产生，如 C++、Java、C#等。实际上，当今许多新的重要的操作系统都是用 C 或 C++语言编写的。在过去 30 多年里，C 语言已经能够用在绝大多数计算机上了。C 语言发展迅速，而且成为最受欢迎的语言之一，主要是因为它具有强大的功能。许多著名的系统软件，如 dBASE III PLUS、dBASE IV 都是用 C 语言编写的。用 C 语言加上一些汇编语言子程序，就更能显示 C 语言的优势：像 PC-DOS、WordSTAR 等就是用这种方法编写的。

C 语言的形成可简单地描述如下：

ALGOL(1960 年)→CPL(1963 年)→BCPL(1967 年)→B(1970 年)→C(1972 年)

随着微型计算机的日益普及，出现了许多 C 语言版本。由于没有统一的标准，使得这些 C 语言之间出现了许多不一致的地方。为了改变这种状况，1983 年美国国家标准研究所（ANSI）为 C 语言制定了第一个 ANSI 标准，称为 ANSI C(83 ANSI C)。1987 年美国国家标准研究所又公布了新的 C 语言标准，称为 87 ANSI C。这个标准在 1989 年被国际标准化组织（ISO）采用，被称为 ANSI/ISO Standard C(即 C89)。Brian W. Kernighian 和 Dennis M. Ritchie 根据这个标准，重写了他们的经典著作，并发表了《The C Programming Language, Second Edition》。后来流行的各种 C 语言编译系统的版本大多数都是以此为基础的，但是它们彼此又有不同。此后在微机上使用的 C 语言编译系统多为 Microsoft C、Turbo C、Borland C、Quick C 等，它们都是按标准 C 语言编写的，相互之间略有差异。每一种编译系统又有着不同的版本，版本之间也有差异，主要表现在功能上，版本越高的编译系统所提供的函数越多，编译能力越强，使用越方便，用户界面越友好。

1983 年，Bell 实验室又推出了 C++语言，该语言在 C 语言基础上进行了改进和革新。C++语言和 C 语言在很多方面是兼容的，然而，C++语言是一种面向对象的程序设计语言。掌握了 C 语言，对今后学习 C++语言是很有帮助的。1995 年 Bell 实验室又为 C 语言增加了一些新的函数，使之具有 C++的一些特征，使 C89 成为 C++的子集。1999 年 Bell 实验室推出的 C99 在基本保留 C 语言特征的基础上，增加了一系列面向对象的新特征。从此，C 语言也从面向过程的语言发展成为面向对象的语言。

计算机处理数据的基本单元是计算机指令。单独的一条指令本身只能完成计算机的一个最基本的功能，计算机所能实现的指令的集合称为计算机的指令系统。虽然一条计算机指令只能实现一个简单的功能，而且指令系统的指令数目也是有限的，但是一系列有序的指令组合却能完成很复杂的功能。一系列计算机指令的有序组合就构成了程序。

一般情况下程序的执行是按照指令的排列顺序一条一条地执行的，但是有的程序往往需要通过判断不同的情况执行不同的指令分支，还有些指令需要被反复执行。

程序在计算机中是以 0、1 组成的指令码（即机器语言）来表示的，即程序是 0、1 组成的序列，这个序列能被计算机所识别。一般情况下，程序和数据均存储在存储器中（这种结构称为冯·诺伊曼结构，而程序和数据分开存储的结构称为哈佛结构）。当程序要运行的时候，当前准备运行的指令从内存中被调入 CPU，由 CPU 处理该指令。

1.1.2 C 语言的特点

C 语言是一种推出比较晚的高级语言，它吸取了早期高级语言的长处，克服了某些不足，形成了自己的风格：既具有高级语言的特点，又具有低级语言的一些功能。因此可以说，C 语言是一种很有特色的高级语言。总体来说，C 语言是一种简洁明了、功能强大、移植性好的结构化程序设计语言。

1. C 语言是一种结构化程序设计语言

C 语言适用于结构化编程方法。在 C 语言中，函数是构成结构化程序的最小模块，每个函数实现一个功能，函数之间有相对的独立性，多个函数共同实现一个大功能。C 语言程序大多是由若干个函数组成的，也可以说是由若干个模块构成的，这些模块可放在一个文件中，也可放在多个文件中。C 语言是结构化程序设计语言，它具备构成结构化程序设计的三种基本结构模式的语句。

2. C语言编程简洁紧凑，使用方便灵活

C语言是一种非常简练的语言，语法限制不太严格，程序设计自由度大，使用C语言编写的程序简洁明了。C语言的简练表现在如下几个方面。

C语言中关键字不多，有些关键字采用了简单的符号来替代。例如，条件语句中，if体和else体的定界符采用一对花括号（{ }）来标识，如果只有一条语句，则不使用花括号，这样比使用关键字作定界符简单多了。

C语言中数据类型说明符采用缩写形式。例如，整型说明符用int，字符型说明符用char，这比说明符使用英文全称要简练一些。

C语言中运算符很丰富，而且功能很强。在编程中尽量使用表达式，这样要比使用函数调用简练得多。另外，C语言中有一个三目运算符（?:）具有条件语句的功能。编程时使用三目运算符的条件表达式要比使用if-else语句简练得多。

C语言还有一种其他高级语言不曾有过的预处理功能。使用该功能中提供的某些预处理命令，会使程序的书写变得清晰简洁。例如，C语言程序常用文件包含命令（#inclucle <文件名>），这样可以少写很多行语句，给程序的编写带来方便。

3. C语言功能强大

C语言功能强大，不仅表现在它具有的高级语言功能上，还表现在它具有的低级语言功能上。C语言具有所有高级语言的功能，包含数值处理功能和非数值处理功能。C语言允许直接访问物理地址，能进行位（bit）操作，能实现汇编语言的大部分功能，可以直接对硬件进行操作。因此不能简单地把C语言说成是高级语言，它是一种介于汇编语言和高级语言之间的中级语言。

另外，C语言还提供了丰富的类型，有较多的数据类型和存储类型，使用起来比较方便灵活。除了C语言系统自有的数据结构，程序员还可以自创类型，所以C语言使用起来灵活、多样。

4. C语言移植性好

C语言的编译系统较小，又具有一些预处理命令，因而为它的移植带来了一些方便。C语言移植性好表现在两个方面：一是C语言系统只要稍加修改，便可用于各种不同型号的计算机和各种操作系统中，并且生成的目标代码质量高，程序执行效率高；二是用C语言编写的程序可以比较方便地在不同系统下运行。因此，C语言能够广泛地应用于各个领域。

5. C语言的不足

C语言具有灵活简练的特点，但在某些方面存在不足。了解C语言中的不足，对在编程中避免出错十分重要。

C语言运算符多，难用难记。C语言共有44种运算符，又分为15个优先级和2种结合性。记住这些运算符的功能，搞清楚不同的优先级，对初学者有一定难度。但是，这些运算符是编程的基础，必须掌握。另外，有些不同功能的运算符使用同一种运算符符号，还应分清它们的区别。例如，*号作为单目运算符表示取内容的功能，作为双目运算符表示两个操作数相乘的功能。

C语言中类型转换比较灵活，在许多情况下不做类型检查，对类型要求不够严格。因此，在C语言程序中，对类型处理要谨慎，要尽量避免出现类型不一致的情况。

C语言中，给数组进行初始化是判界的，越界会发出编译错。但是，数组动态赋值是不判界的，这样会造成数据方面的混乱。

C 语言的编译系统中，允许不同的编译系统对表达式中各个操作数和参数表中各个参数有不同的计算顺序。这对于一般表达式和参数表是没有什么影响的。但是，当表达式或参数表中出现了具有副作用的运算符时，不同计算顺序的编译系统将会造成二义性。

1.2 C 语言程序的基本构成

计算机尽管可以完成许多极其复杂的工作，但实质上这些工作都是按照事先编好的程序进行的，所以人们常把程序称为计算机的灵魂。

1.2.1 简单的 C 语言程序介绍

为了说明 C 语言源程序结构的特点，先看以下几个程序。这几个程序由简到难，表现了 C 语言源程序在组成结构上的特点。虽然有关内容还未介绍，但可从这些例子中了解到组成一个 C 源程序的基本部分和书写格式。

【例 1.2.1】

```
#include<stdio.h>
main()
{
    printf("同学，你们好！\n");
}
```

include 称为文件包含命令，扩展名为 .h 的文件称为头文件。用 include 命令包含之后，在程序中便可以使用头文件中定义的功能函数了。

main 是主函数的函数名，表示这是一个主函数。每一个 C 源程序都必须有，且只能有一个主函数(main 函数)。

函数调用语句 printf 函数的功能是把要输出的内容送到显示器去显示。printf 函数是一个由系统定义的标准函数，可在程序中直接调用。函数原型在 stdio.h 中定义。

这是 C 语言程序中最简单的程序，只有一个文件，文件中只有一个主函数，函数中也只有一条语句，该语句的功能是将一个字符串常量输出显示在屏幕上。

一个完整的 C 语言程序，是由一个 main() 函数(又称主函数)和若干个其他函数结合而成的，当然也可以只由一个 main() 函数构成的 C 语言程序。

【例 1.2.2】

```
int max(int a, int b);          /*函数说明*/
main()                          /*主函数*/
{
    int x, y, z;                /*变量说明*/
    int max(int a, int b);      /*函数说明*/
    printf("input two numbers：\n");
    scanf("%d%d", &x, &y);      /*输入 x, y 值*/
    z=max(x, y);                /*调用 max 函数*/
    printf("maxmum=%d", z);     /*输出*/
}
```

```
int max(int a, int b)                /* 定义 max 函数 */
{
    if(a>b) return a;
    else      return b;    /* 把结果返回主调函数 */
}
```

上面例中程序的功能是由用户输入两个整数，程序执行后输出其中较大的数。本程序由两个函数组成，主函数和 max 函数，函数之间是并列关系。可从主函数中调用其他函数，max 函数的功能是比较两个数，然后把较大的数返回给主函数。max 函数是一个用户自定义函数，因此在主函数中要给出说明（程序第三行）。可见，在程序的说明部分中，不仅可以有变量说明，还可以有函数说明。程序的每行后用/ * 和 * /括起来的内容为注释部分，程序不执行注释部分。

上例中程序的执行过程是，首先在屏幕上显示提示串，请用户输入两个数，回车后由 scanf 函数语句接收这两个数送入变量 x，y 中，然后调用 max 函数，并把 x，y 的值传送给 max 函数的参数 a，b。在 max 函数中比较 a，b 的大小，把大者返回给主函数的变量 z，最后在屏幕上输出 z 的值。

通过以上例子，可以概括出 C 语言源程序的结构特点。

（1）函数与主函数

程序由一个或多个函数组成。

必须有且只能有一个主函数 main( )，main 函数可以放在程序的最前，也可以放在程序的最后，或是放在程序的中间。当然不能放在其他函数中间，因为 C 语言函数不能嵌套定义。

程序执行从 main 开始，在 main 中结束，其他函数通过嵌套调用得以执行。

（2）程序语句

一个 C 语言源程序可以由一个或多个源文件组成。

C 程序由语句组成。

用 ";" 作为语句终止符，每一个说明、每一个语句都必须以分号结尾。但预处理命令、函数头和最后一个花括号 "}" 之后不能加分号。

（3）注释

/ *   * /为注释，不能嵌套，如/ * …/ * … * /… * /是错误的。

不产生编译代码。

（4）编译预处理命令

源程序中可以有预处理命令（#include 命令仅为其中的一种），预处理命令通常应放在源文件或源程序的最前面。

1.2.2　C 语言程序的书写格式

尽管 C 语言语句精练、简洁、语义丰富、格式灵活，然而 C 语言程序的可读性比较差。为了提高程序的可读性，应该养成良好的书写习惯。

C 语言程序在书写格式习惯上有如下要求：

（1）习惯用小写字母，对大小写敏感；

（2）常用锯齿形书写格式；

(3){ }对齐；

(4)足够的注释。

1.2.3　C语言的字符集

字符是组成语言的最基本的元素。C语言字符集由字母、数字、空格、标点和特殊字符组成。在字符常量、字符串常量和注释中还可以使用汉字或其他可表示的图形符号。

注意　C语言严格区分大小写字母，即大写 ABC 和小写 abc 具有不同的含义。

空格符、制表符、换行符等统称为空白符。空白符只在字符常量和字符串常量中起作用，在其他地方出现时，只起间隔作用，编译程序时对它们忽略不计。因此在程序中使用空白符与否，对程序的编译不产生影响，但在程序中适当的地方使用空白符将增加程序的清晰性和可读性。

1.2.4　C语言的词汇

在 C 语言中使用的词汇分为六类：标识符、关键字、运算符、分隔符、常量、注释符。

1. 标识符

在程序中使用的变量名、函数名、标号等统称为标识符。除库函数的函数名由系统定义外，其余都由用户自定义。C语言规定，标识符只能是字母（A~Z，a~z）、数字（0~9）、下画线（ ＿ ）组成的字符串，并且其第一个字符必须是字母或下画线。

以下标识符是合法的：

a, x,　　x3, BOOK_1, sum5

以下标识符是非法的：

3s　　　　以数字开头

s * T　　　出现非法字符 *

−3x　　　　以减号开头

bowy−1　　出现非法字符−（减号）

在使用标识符时还必须注意以下几点：

(1)标准 C 语言不限制标识符的长度，但它受各种版本的 C 语言编译系统限制，同时也受到具体机器的限制。例如，在某版本 C 语言中规定标识符前八位有效，当两个标识符前八位相同时，则被认为是同一个标识符。

(2)在标识符中，大小写是有区别的。例如 BOOK 和 book 是两个不同的标识符。

(3)标识符虽然可由程序员随意定义，但标识符是用于标识某个量的符号，因此，命名标识符时应尽量使其具有相应的意义，尽量做到顾名思义，以便于阅读和理解。

2. 关键字

关键字是由 C 语言规定的具有特定意义的字符串，通常也称为保留字。用户定义的标识符不应与关键字相同。C 语言的关键字分为以下几类：

(1)类型说明符

类型说明符用于定义、说明变量、函数或其他数据结构的类型。如前面例子中用到的 int、double 等。

(2)语句定义符

语句定义符用于表示一个语句的功能。如 if 语句中的 if。

普通高等教育「十三五」规划教材

（3）预处理命令字符

预处理命令字符用于表示一个预处理命令。如前面例子中用到的 include。

3. 运算符

C 语言中含有相当丰富的运算符。运算符由一个或多个字符组成。

4. 分隔符

在 C 语言中采用的分隔符有逗号和空格两种。逗号主要用在类型说明和函数参数表中，分隔各个变量。空格多用于语句各单词之间，作间隔符。在关键字和标识符之间必须要有一个以上的空格符作间隔，例如，把"int a;"写成"inta;"时，C 编译器会把 inta 当成一个标识符处理，其结果必然出错。

5. 常量

C 语言中使用的常量可分为数字常量、字符常量、字符串常量、符号常量、转义字符常量等。

6. 注释符

C 语言的注释符是以"/ *"开头并以" * /"结尾的串。在"/ *"和" * /"之间的内容即为注释。程序编译时，不对注释作任何处理。注释可出现在程序中的任何位置。注释用来向用户提示或解释程序的意义。在调试程序时，对暂不使用的语句也可用注释符括起来，使翻译程序跳过不作处理，待调试结束后再去掉注释符。

1.2.5　C 语言的语句

与其他高级语言一样，C 语言也是利用函数体中的可执行语句，向计算机系统发出操作命令。按照语句功能或构成的不同，可将 C 语言的语句分为如下五类。

1. 控制语句

控制语句完成一定的控制功能。C 语言只有 9 条控制语句，这 9 条控制语句又可细分为如下三种：

（1）选择结构控制语句：

if( ) ~ else ~ , switch( ) ~

（2）循环结构控制语句：

do ~ while( ) , for( ) ~ , while( ) ~ , break , continue

（3）其他控制语句：

goto , return

2. 函数调用语句

函数调用语句由一次函数调用加一个分号（语句结束标志）构成。例如：

printf("This is a C function statement. ") ;

3. 表达式语句

表达式语句由表达式后加一个分号构成。最典型的表达式语句是，在赋值表达式后加一个分号构成的赋值语句。

例如，"num = 5"是一个赋值表达式，而"num = 5;"却是一个赋值语句。

4. 空语句

空语句仅由一个分号构成。空语句什么操作也不执行。

5. 复合语句

复合语句是由大括号括起来的一组(也可以是 1 条)语句构成的语句。例如:

main( )

｛……

　　　　｛……｝ / * 复合语句。注意:右括号后不需要加分号。*/

　　……

｝

复合语句的性质如下:

(1)在语法上和单一语句相同,即单一语句可以使用的地方,就可以使用复合语句。

(2)复合语句可以嵌套,即复合语句中也可出现复合语句。

1.3　C 语言运行步骤

1.3.1　C 语言程序的开发过程

用 C 语言编写的程序称为"源程序"(source program)。C 语言源程序要能让计算机识别和使用,必须用"编译程序"软件把源程序翻译成二进制形式的"目标程序",然后将该目标程序与系统的函数库和其他目标程序连接起来,形成可执行的目标程序。

具体地说,写好一个 C 语言程序后,要经过如图 1.3.1 所示的几个步骤才能在计算机上运行程序并最终得到结果。

编辑源程序→对源程序进行编译→与库函数连接→运行可执行的目标程序

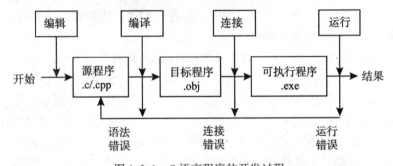

图 1.3.1　C 语言程序的开发过程

1. 编辑程序

在编程环境中,应用编辑功能直接编写程序,然后生成程序的源文件。C 语言源文件的后缀一般为 . c ,在 VC++ 6.0 中默认的后缀为 .cpp,但它也能识别以 . c 后缀的 C 语言源文件。

2. 程序的编译

要使计算机能识别程序设计语言编写的程序,需要对程序进行"翻译"。将高级语言程序翻译成机器语言一般有两种做法,即编译方式和解释方式,因此,相应的翻译程序称为编译程序和解释程序。

C语言采用编译方式生成目标程序。编辑程序后，用C语言的编译程序对其进行编译，主要是进行词法分析、语法分析以及代码优化，生成二进制代码表示的目标程序(.obj)。

3. 程序的连接

编译以后产生的是目标程序，这些目标程序还要与编程环境提供的库函数进行连接(link)，形成可执行的程序(.exe)。

4. 运行与调试

经过编辑、编译、连接，生成执行文件后，就可以在编程环境或操作系统环境中运行该程序。如果程序运行所产生的结果不是想要的结果，则说明程序有语义错误(逻辑错误)。

如果程序有语义错误，就需要对程序进行调试。调试就是在程序中查找错误并进行修改的过程。调试是一个需要耐心和需要经验的工作，也是程序设计最基本的技能之一。

1.3.2 VC++ 6.0 集成开发环境

Visual C++是Microsoft公司的Visual Studio开发工具箱中的一个C++程序开发包。Visual Studio提供了一整套开发Internet和Windows应用程序的工具，包括Visual C++，Visual Basic，Visual Foxpro，Visual InterDev，Visual J++以及其他辅助工具，如代码管理工具Visual SourceSafe和联机帮助系统MSDN。Visual C++包中除包括C++编译器外，还包括所有的库、例子和为创建Windows应用程序所需要的文档。

Visual C++一般分为三个版本：学习版、专业版和企业版。不同的版本适合于不同类型的应用开发。实验中可以使用这三个版本的任意一种。

1. Visual C++集成开发环境(IDE)

集成开发环境(IDE)是一个将程序编辑器、编译器、调试工具和其他建立应用程序的工具集成在一起的用于开发应用程序的软件系统。Visual C++ 6.0提供了良好的可视化编程环境，该环境集项目建立、打开、浏览、编辑、保存、编译、连接和调试等功能于一体。程序员可以在不离开该环境的情况下编辑、编译、调试和运行一个应用程序。

Visual C++6.0可用于Windows 2007及Windows XP环境。将Visual C++ 6.0正确安装到Windows系统中之后，选择开始 \ 程序 \ Microsoft Visual Studio 6.0 \ Microsoft Visual C++ 6.0，即可启动并进入集成开发环境(Developer Studio)，如图1.3.2所示。

图1.3.2为集成开发环境的主窗口，包括标题栏、菜单栏、项目工作区窗口、正文窗口、输出窗口和状态条。标题栏用于显示应用程序名和打开的文件名；菜单栏完成Developer Studio中的所有功能；工具栏对应于某些菜单或命令的功能，简化用户操作；项目工作区(Workspace)窗口用于组织文件、项目和项目配置。

2. 菜单功能介绍

Visual C++ 6.0的菜单栏包括File、Edit、View、Insert、Project、Build、Tools、Window、Help等菜单，使用方法与Windows常规操作相同。选中某个菜单后，会弹出下拉式子菜单。子菜单中某些常用的菜单右边常常对应着某个快捷键，按下快捷键将直接执行该菜单项操作；菜单项后面带有"…"，表示当选择该菜单项后会弹出一个对话框，供用户做进一步的设置；菜单项后面黑色的三角箭头，表示该菜单项还带有下一级的子菜单。

在窗口的不同位置单击鼠标右键，可以弹出快捷菜单，该菜单中的选项通常都是与当前位置关系密切、需要频繁执行的操作命令。关于菜单的详细操作，请参看其他资料，本书不再赘述。

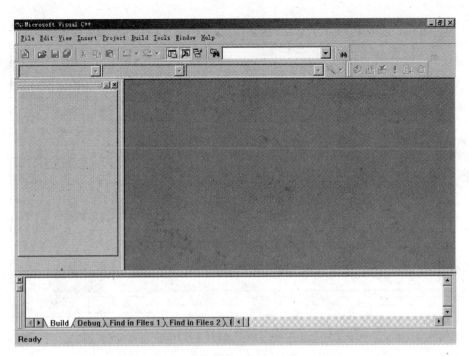

图 1.3.2 Visual C++ 6.0 的 Developer Studio

1.3.3 程序的编辑、编译、调试和运行举例

(1)进入 Visual C++环境，并新建一个 C++源程序文件。

① 双击桌面 Visual C++快捷方式进入 Visual C++环境，或选择"开始"→"程序"→"Microsoft Visual Studio 6.0"→"Microsoft Visual C++6.0"命令进入 Visual C++环境。

②单击"文件"菜单中的"新建"命令。

③ 在打开的"新建"对话框中选择"文件"标签。

④ 选择 C++ Source File，选择文件保存的位置，然后在文件输入栏中输入文件名，并单击"确定"按钮，如图 1.3.3 所示。

(2)熟悉 Visual C++的集成环境，了解各菜单项有哪些子菜单。

(3)输入下面的程序，注意区分大小写。

```
#include<stdio. h>
void main( )
{
    printf( "This is your first C program. \ n" ) ;
}
```

(4)编译程序：按 Ctrl+F7 键或通过"编译"菜单中的"编译"命令，或使用工具栏中的相应工具进行编译，如图 1.3.4 所示。

若程序有语法错误，则找到出错行修改程序。

(5)连接：若程序没有语法错误，则可按功能键 F7 或执行"编译"菜单中的"构件"命令，或通过工具栏中的相关工具，进行连接生成可执行文件。

普通高等教育『十三五』规划教材

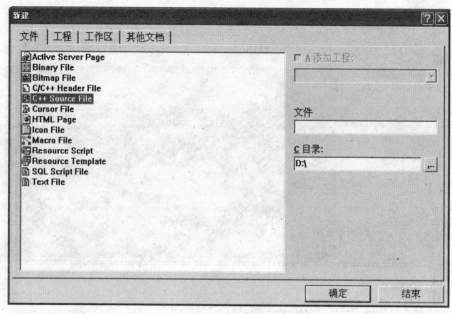

图 1.3.3　保存文件

图 1.3.4　选择编译命令

(6)运行程序：按组合键 Ctrl+F5，或通过"编译"菜单中的执行命令，或通过工具栏中的按钮! 运行程序。

(7)关闭工作区，新建一个程序，然后输入例 1.2.2 并运行一个需要在运行时输入数据的程序。重复(3)~(6)步。

运行程序，若程序有语法错误，则修改错误后继续运行程序，当没有错误信息时输入"2，5"并按 Enter 键，查看运行结果。

将程序的第 3 行改为"int a; b; c;"，然后按 F9 键看结果如何；再将其修改为"int a，b，c;"，并将子程序 max 的第 3、4 行合并为一行。运行程序，看结果是否相同。

习　题

1. C 语言源文件的后缀一般为_____，在 VC++ 6.0 中默认的后缀为_____。

2. 一个 C 程序由若干个 C 函数组成，各个函数在文件中的位置顺序为(　　)。

　A. 任意

　B. 第一个函数必须是主函数，其他函数任意

    C. 必须完全按照执行的顺序排列

    D. 其他函数可以任意，主函数必须在最后

3. 下列四个叙述中，正确的是(　　)。

    A. C 程序中的所有字母都必须小写

    B. C 程序中的关键字必须小写，其他标示符不区分大小写

    C. C 程序中的所有字母都不区分大小写

    D. C 语言中的所有关键字必须小写

4. 下列四个叙述中，错误的是(　　)。

    A. 一个 C 源程序必须有且只能有一个主函数

    B. 一个 C 源程序可以有多个函数

    C. 在 C 源程序中注释说明必须位于语句之后

    D. C 源程序的基本结构是函数

5. 参照本章例题，编写一个 C 程序，输出以下信息：

    * * * * * * * * * *

    Good morning!

    * * * * * * * * * *

6. 简述上机运行 C 程序的操作步骤。

第2章 基本的数据类型及运算符号

程序的根本任务，就是对数据进行处理。在第1章中，我们已经看到程序中使用的各种变量都应预先加以定义，即先定义，后使用。C语言中每种数据都有其特定的数据类型。

所谓数据类型是按被定义变量的性质、表示形式、占据存储空间的多少、构造特点来划分的。在C语言中，数据类型可分为基本类型、派生类型、枚举类型、空类型四大类。

2.1 C语言的数据类型

数据类型是指数据在计算机内存中的表现形式，也可以说是数据在程序运行过程中的特征。C语言提供的数据类型如图2.1.1所示。

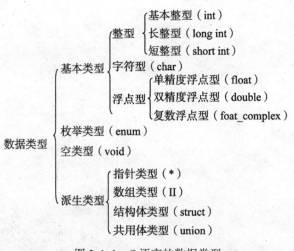

图2.1.1 C语言的数据类型

（1）基本类型：基本数据类型最主要的特点是，其值不可以再分解为其他类型。也就是说，基本数据类型是自我说明的。

（2）派生类型：数组类型、结构体类型和共用体（联合）类型，又称作构造数据类型，是根据已定义的一个或多个数据类型用构造的方法来定义的。也就是说，一个构造类型的值可以分解成若干个"成员"或"元素"。每个"成员"都是一个基本数据类型或又是一个构造类型。

（3）指针类型：指针是一种特殊的，同时又是具有重要作用的数据类型。其值用来表示某个变量在内存储器中的地址。

（4）空类型：在调用函数值时，通常应向调用者返回一个函数值。这个返回的函数值是具有一定的数据类型的，应在函数定义及函数说明中给以说明，例如在例题中给出的 max 函数定义中，函数头为 int max(int a，int b)；其中"int"类型说明符即表示该函数的返回值为整型量。但是，也有一类函数，调用后并不需要向调用者返回函数值，这种函数可以定义为"空类型"。其类型说明符为 void。

在本章中，我们先介绍基本数据类型中的整型、浮点型和字符型。其余类型在以后各章中陆续介绍。整型有基本整型、短整型、长整型、无符号整型、无符号短整型、无符号长整型；实型有单精度实型和双精度实型。

以上数据类型的关键字以及在 VC++环境中占用的字节数及取值范围，在 32 位系统 VC++6.0 测试数据如表 2.1.1 所示。

表 2.1.1　　　　基本数据类型在 VC++ 环境中占用的字节数及取值范围

类型关键字	所占字节数	取 值 范 围	说 明
Int	4	−2 147 483 648～2 147 483 647	有符号基本整型
unsigned int	4	0～4 294 967 295	无符号基本整型
short int	2	−32 768～32 767	有符号短整型
unsigned short int	2	0～65 535	无符号短整型
long int	4	−2 147 483 648～2 147 483 647	有符号长整型
unsigned long int	4	0～4 294 967 295	无符号长整型
float	4	$10^{-37}～10^{38}$	单精度实型
double	8	$10^{-307}～10^{308}$	双精度实型
long double	8	$10^{-307}～10^{308}$	双精度实型
char	1	−128～127	字符型
unsigned char	1	0～255	无符号字符型

2.1.1　常量与变量

对于基本数据类型量，按其取值是否可改变又分为常量和变量两种。在程序执行过程中，其值不发生改变的量称为常量，其值可变的量称为变量。它们可与数据类型结合起来分类。例如，可分为整型常量、整型变量、浮点常量、浮点变量、字符常量、字符变量。在程序中，常量是可以不经说明而直接引用的，而变量则必须先定义后使用。

1. 常量

常见的常量有以下几类：

(1)整型常量：12、0、−3。

(2)实型常量有两种表示形式：

①十进制小数形式，有数字和小数点组成。如 4.6、−1.23、0.0 等；

②指数形式，如 12.34e3、−346.56e−23、0.232E−23 等。但应注意：e 或 E 之前必须有数字，且后面必须为整数。故不能写成 e4、12e2.3。

(3)字符常量:'a'，'b'。

普通高等教育『十三五』规划教材

(4)字符串常量："abc"，"wxy"。

(5)符号常量：在 C 语言中，可以用一个标识符来表示一个常量，称为符号常量。符号常量在使用之前必须先定义。

其一般形式：#define 标识符 常量

其中#define 也是一条预处理命令(预处理命令都以"#"开头)，称为宏定义命令(在后面预处理程序中将进一步介绍)，其功能是把该标识符定义为其后的常量值。一经定义，以后在程序中所有出现该标识符的地方均代之以该常量值。

习惯上符号常量的标识符用大写字母，变量标识符用小写字母，以示区别。

【例 2.1.1】利用符号常量计算圆的周长。

```
#include <stdio. h>
#define PI 3. 1415926
void   main( )
  { float r，c；
    r = 5.0；
    c = 2 * PI * r；
    printf( " Circle is %f" , c)；
  }
```

使用符号常量的好处如下：

①含义清楚。如上面的程序中，看程序时从 PI 就可知道它代表圆周率。因此定义符号常量名时，应考虑见名知意。

②在需要改变一个常量时能做到"一改全改"。例如在程序中多处用到圆周率，如果用常数表示，则在圆周率小数位数调整时，就需要在程序中作多处修改，若用符号常量 PI 代表圆周率，则只需改动一处即可。如：

#define PI 3. 1416

在程序中所有以 PI 代表的数值就会一律自动改为 3. 1416。

③符号常量不同于变量，它的值在其作用域(在本例中为主函数)内不能改变，也不能再被赋值。如再用以下赋值语句给 PI 赋值是错误的。

PI = 3. 14；

2. 变量

其值可以改变的量称为变量。一个变量应该有一个名字，在内存中占据一定的存储单元。在该存储单元中存储变量的值。如图 2.1.2 所示。注意区分变量名和变量值，变量名实际上是一个符号地址，在对程序编译连接时由系统为每一个变量名分配一个符号地址，在程序中从变量中取值实际上是通过变量名找到相应的内存地址，从存储单元中读取数据。变量定义必须放在变量使用之前。一般放在函数体的开头部分。

每种基本数据类型都有其常量和相应的变量。下面就分别介绍整型、浮点型和字符型三种基本的数据类型。

2.1.2 整型数据

1. 整型常量

整型常量即整型数，在 C 语言中整型常量有以下三种表示形式：

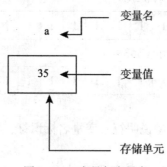

图 2.1.2　变量与变量名

（1）十进制整数表示形式由数字 1~9 开头，其余各位由 0~9 组成。如 123、-789、0等。

（2）八进制整数表示形式由数字 0 开头，其余各位由 0~7 组成。在书写时要加前缀"0"（零）。如 012 表示八进制数 12。

（3）十六进制整数表示形式由 0x 或 0X 开头，其余各位由 0~9 与字母 a~f（0X 开头为A~F）组成。在书写时要加前缀"0x"或"0X"。如 0x36 表示十六进制数 36。

注意　① 在 C 语言中 10、010、0x10 是 3 个数值完全不同的整数，它们的十进制数分别是 10、8 和 16。

② 整型数可分为长整型数（long int）、短整型数（short int）和无符号整型数（unsigned int）等若干种。长整型数在写法上要加一个后缀"L"，如 123L、0123L、0xl23abL 等为长整型数。

③ 整型数又可以是正数和负数，即分别在数值的前面加正号或负号，正号一般可以省略。如下面是不同进位制数的正数和负数：123、-123、0123、-0123、0x789、-0x789。

虽然数有不同的进位制表示法，但同值的数在计算机中的内部表示是一样的，即 16、020、0x10 在计算机中的内部表示都相同。

④无符号数也可用后缀表示，整型常数的无符号数的后缀为"U"或"u"。

例如 358u，0x38Au，235Lu 均为无符号数。

前缀，后缀可同时使用以表示各种类型的数。如 0XA5Lu 表示十六进制无符号长整数A5，其十进制为 165。

2. 整型变量

（1）整型变量的分类

①基本整型：类型说明符为 int，在内存中占 4 个字节。

②短整型：类型说明符为 short int 或 short，所占字节和取值范围 2 个字节。

③长整型：类型说明符为 long int 或 long 在内存中占 4 个字节。

无符号说明符 unsigned 又可与上述三种类型匹配而构成三种无符号整型：

无符号基本型：类型说明符为 unsigned int 或 unsigned。

无符号短整型：类型说明符为 unsigned short。

无符号长整型：类型说明符为 unsigned long。

各种无符号类型量所占的内存空间字节数与相应的有符号类型量相同。但由于省去了符号位，故不能表示负数。但其正数的表示范围扩大了一倍。

有符号短整型变量：最大表示 32767

0	1	1	1	1	1	1	1	1	1	1	1	1	1	1	1

无符号短整型变量：最大表示 65535

1	1	1	1	1	1	1	1	1	1	1	1	1	1	1	1

（2）整型变量的定义

变量定义的一般形式为：类型说明符　变量名标识符，变量名标识符，…；

例如：

int a，b，c;　　　　//a，b，c 为整型变量

long x，y;　　　　　//x，y 为长整型变量

unsigned short p＝40　　　//p 为无符号短整型变量

Printf("%u \ n"，p);　　　//指定用无符号十进制数格式输出

在将一个变量定义为无符号整型后，不应向它赋予一个负值，否则会得到错误的结果。

如：unsigned short p＝-1

Printf("%u \ n"，p);

得到的结果是 65535，显然不对。原因是系统对-1 先转换成补码形式在存入变量 p 中，由于 p 是一个无符号整型，左面第一位不代表符号，按照"%d"格式输出就是 65535。

在书写变量定义时，应注意以下几点：

允许在一个类型说明符后，定义多个相同类型的变量。各变量名之间用逗号间隔。类型说明符与变量名之间至少用一个空格间隔。

最后一个变量名之后必须以";"号结尾。

变量定义必须放在变量使用之前。一般放在函数体的开头部分。

【例 2.1.2】整型变量的定义与使用。

```
main( ){
    long x，y;
    int a，b，c，d;
    x＝5，y＝6;
    a＝7，b＝8;
    c＝x+a;
    d＝y+b;
    printf("c=x+a=%d, d=y+b=%d \ n"，c，d);
}
```

运行结果为：

c＝x+a＝12，d＝y+b＝14

从程序中可以看到：x，y 是长整型变量，a，b 是基本整型变量。它们之间允许进行运算，运算结果为长整型。但 c，d 被定义为基本整型，因此最后结果为基本整型。本例说明，不同类型的量可以参与运算并相互赋值。其中的类型转换是由编译系统自动完成的。有关类型转换的规则将在以后介绍。

【例 2.1.3】整型数据的溢出。

main( )

```
{
short int a，b；
  a=32767；
  b=a+1；
  printf("%d,%d \ n"，a，b)；
}
```

运行结果为：

a=32767，b=-32768

如图 2.1.3 所示。

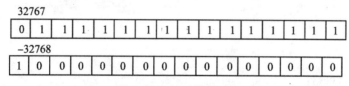

图 2.1.3　整型数据溢出

对变量的定义，一般是放在一个函数开头的声明部分。

2.1.3　浮点型数据

1. 浮点型常量

浮点型常量即实数。浮点型数据一般占 4 个字节（32 位）内存空间。按指数形式存储。实数 3.14159 在内存中的存放形式如图 2.1.4 所示。

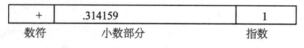

图 2.1.4　浮点型数据

小数部分占的位（bit）数愈多，数的有效数字愈多，精度愈高。

指数部分占的位数愈多，则能表示的数值范围愈大。

VC++编译系统把浮点型常量都按双精度处理，分配 8 个字节。其不同类型对应的有效数字位数如表 2.1.2 所示。

表 2.1.2　　　　　　　　　　浮点型数据有效数字位数

类型说明符	比特数（字节数）	有效数字	数的范围
Float	32(4)	7	$10^{-37} \sim 10^{38}$
double	64(8)	16	$10^{-307} \sim 10^{308}$
long double	128(16)	19	$10^{-4931} \sim 10^{4932}$

2. 浮点型变量

浮点型变量分为：单精度(float 型)、双精度(double 型)和长双精度(long double 型)三类。

对每一个变量都应在使用前加以定义。如：

```
float x，y;              /＊ 定义 x、y 为单精度实数 ＊/
double b;               /＊ 定义 b 为双精度实数 ＊/
long double c;          /＊ 定义 c 为长双精度实数 ＊/
```

由于浮点型变量是由有限的存储单元组成的，因此能提供的有效数字总是有限的。

【例2.1.4】浮点型数据的精度。

```
main( )
{
    float a;
    double b;
    a = 33333. 33333;
    b = 33333. 33333333333333;
    printf("%f \ n%f \ n"，a，b);
}
```

程序运行后在显示屏上的输出结果如下所示：

33333. 332031

33333. 333333

从本例可以看出，由于 a 是单精度浮点型，有效数只有七位。而整数已占五位，故小数二位后之后均为无效数字。b 是双精度型，有效数为十六位。

2.1.4　字符型数据

1. 字符型常量

字符型常量包括字符常量、字符串常量和转义字符三种。

(1)字符常量

字符常量是用一对单引号括起来的单个字符，如′A′、′a′、′X′、′?′、′$′都是字符常量。注意，单引号是定界符，不是字符常量的一部分。

在 C 语言中，字符常量等同于数值，字符常量的值就是该字符的 ASCII 码值，因此可以和数值一样，在程序中参加运算。例如，字符′A′的数值为十进制数65。

(2)字符串常量

字符串常量是用一对英文双引号括起来的字符序列，如" abc"、" CHINA"、" yes"、"1234"、"How do you do"都是字符串常量。注意，双引号仅为其定界符，并不是字符串常量的一部分。

字符串中字符的个数称为字符串长度。长度为 0 的字符串(即一个字符都没有的字符串)称为空串，表示为""(仅有一对紧连的双引号)。

例如，"How do you do"、"Good morning"都是字符串常量，其长度分别为 14 和 13(空格也是一个字符)。

C 语言规定：在存储字符串常量时，由系统在字符串的末尾自动加一个'\0'作为字符串的结束标志。

例如，有一个字符串为"CHINA"，则它在内存中实际存储为

C	H	I	N	A	\0	…

最后一个字符'\0'是系统自动加上的，它占用 6 个字节而非 5 个字节的内存空间。

注意　字符常量与字符串常量的区别。例如，字符常量'A'与字符串常量"A"的不同点表现在以下三个方面：

① 定界符不同：字符常量使用单引号；而字符串常量使用双引号。

② 长度不同：字符常量的长度固定为 1；而字符串常量的长度可以是 0，也可以是某个整数。

③ 存储要求不同：字符常量存储的是字符的 ASCII 码值；而字符串常量除了要存储有效的字符外，还要存储一个结束标志'\0'。

另外，在 C 语言中，没有专门的字符串变量，字符串常量如果需要存储在变量中，要用字符数组来解决。详细内容将在后面章节中介绍。

（3）转义字符

转义字符是 C 语言中单字符常量的一种特殊的表现形式，通常用来表示键盘上的控制代码和某些用于功能定义的特殊符号，如回车换行符、换页符等。其形式为反斜杠"\"后面跟一个字符或一个数值。例如：'\n'为换行，'\101'与'\x41'都表示字符'A'。

常见的转义字符如表 2.1.3 所示。

表 2.1.3　　　　　　　　　　常见的转义字符

转 义 字 符	表 示 含 义
\ \	将\转义为字符常量中的有效字符(\字符)
\ '	单引号字符
\ "	双引号字符
\ n	换行，将当前位置移到下一行开头
\ t	横向跳格，横向跳到下一个输出区
\ r	回车，将当前位置移到本行开头
\ f	走纸换页，将当前位置移到下页开头
\ b	退格，将当前位置移到前一列
\ v	竖向跳格
\ ddd	1 到 3 位八进制数所代表的字符
\ xhh	1 到 2 位十六进制数所代表的字符

【例 2.1.5】转义字符的使用。

```
#include <stdio.h>
void main( )
```

```
{   printf("□ab□c\t□de\rf\tg\n");              /*□表示一个空格  */
printf("h\ti\b\bj□k");
}
```

程序运行后在显示屏上的输出结果如下所示。

f□□□□□□gde

h□□□□□□j□k

分析 第一个 printf 函数先在第一行左端开始输出"□ab□c",然后遇到"\t",它的作用是"跳格",即跳到下一个"制表位置",在我们所用系统中,一个"制表区"占 8 列。"下一制表位置"从第 9 列开始,故在第 9~11 列上输出"□de"。下面遇到"\r",它代表"回车"(不换行),返回到本行最左端(第 1 列),输出字符"f",然后遇到"\t"再使当前输出位置移到第 9 列,输出"g"。下面是"\n",作用是使当前位置移到下一行的开头。为什么开始输出的"□ab□c"没有了? 这是由于"\r"使当前位置回到本行的开头,由此输出的字符(包括空格和跳格所经过的位置)将取代原来屏幕上该位置上显示的字符,所以原有的字符"□ab□c□□□□"被新的字符"f□□□□□□□g"代替,其后的"de"未被新字符代替。

第二个 printf 函数先在第一列输出字符"h",后面的"\t"使当前位置跳到第 9 列,输出字符"i",此时已输出"h□□□□□□□i"。然后当前位置移到下一列(第 10 列)准备输出下一个字符。下面遇到两个"\b","\b"的作用是退一格,因此"\b\b"的作用是使当前位置回退到第 8 列,接着输出字符"j□k",j 后面的"□"将原有的字符"i"取而代之,因此屏幕上看不到"i"。

实际上,屏幕上完全按程序要求输出了全部的字符,只是因为在输出前面的字符后,很快又输出后面的字符,在人们还未看清楚之前,新的已取代了旧的,所以误以为未输出应该输出的字符。

2. 字符型变量

字符型变量的类型关键字为 char,占用一个字节的内存单元。

(1)变量值的存储

字符型变量用来存储字符常量,一个字符变量只能存储一个字符常量,一个字符变量在内存中占一个字节。在存储时,实际上是将该字符的 ASCII 码值(无符号整数)存储到内存单元中。例如:

```
char chl, ch2;                      /* 定义两个字符变量:chl、ch2 */
chl = 'a'; ch2 = 'b';               /* 给字符变量赋值 */
```

小写字母 a、b 的 ASCII 码值分别为 97、98,在内存中字符变量 chl、ch2 的值分别是 01100001、01100010,如图 2.1.5 所示。

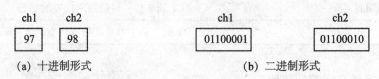

图 2.1.5 字符变量在内存中的存储

（2）特性

字符数据在内存中存储的是字符的 ASCII 码值，即一个无符号整数，其形式与整数的存储形式一样，所以 C 语言允许字符型数据与整型数据之间可以通用。

一个字符型数据，既可以以字符形式输出，也可以以整数形式输出。

【例 2.1.6】 字符变量的字符形式输出和整数形式输出。

```
#include <stdio. h>
void main( )
{char ch1, ch2;
ch = 'a'; ch2 = 'b';
printf("ch1 = %c, ch2 = %c \ n", ch1, ch2);        /* 字符形式输出 */
printf("ch1 = %d, ch2 = %d \ n", ch1, ch2);        /* 整数形式输出 */
}
```

程序运行结果如下所示：

```
ch1 = a, ch2 = b
ch1 = 97, ch2 = 98
```

注意　①字符数据占一个字节，它只能存放 0~255 范围内的整数。

②允许对字符数据进行算术运算，此时就是对它们的 ASCII 码值进行算术运算。

【例 2.1.7】 字符数据的算术运算。

```
#include <stdio. h>
void main( )
{
char ch1, ch2;
chl = 'a'; ch2 = 'B';
printf("ch1 = %c, ch2 = %c \ n", ch1-32, ch2+32);      /*字母的大小写转换 */
}
```

程序运行结果如下所示：

```
ch1 = A, ch2 = b
```

2.2　C 语言的运算符和表达式

C 语言表达式是由运算符、常量及变量组成的；运算符（即操作符）是对运算对象（又称操作数）进行某种操作的符号。C 语言中的运算符很多，多数运算符的运算规则同代数运算规则，但也有许多不同之处。若完成一个操作需要两个操作数，则称该运算符为二元（双目）运算符；若完成一个操作需要一个操作数，则称该运算符为一元（单目）运算符。

C 语言的运算符非常丰富，能构成多种表达式。

（1）算术运算符：用于各类数值运算。包括加（+）、减（-）、乘（＊）、除（/）、求余（或称模运算,%）、自增（++）、自减（--）共七种。

（2）关系运算符：用于比较运算。包括大于（>）、小于（<）、等于（＝＝）、大于等于（>=）、小于等于（<=）和不等于（！＝）六种。

（3）逻辑运算符：用于逻辑运算。包括与（&&）、或（｜｜）、非（！）三种。

(4)位操作运算符：参与运算的量，按二进制位进行运算。包括位与（&）、位或（|）、位非（~）、位异或（^）、左移（<<）、右移（>>）六种。

(5)赋值运算符：用于赋值运算，分为简单赋值（=）、复合算术赋值（+=，-=，*=，/=，%=）和复合位运算赋值（&=，|=，^=，>>=，<<=）三类共十一种。

(6)条件运算符：这是一个三目运算符，用于条件求值（?:）。

(7)逗号运算符：用于把若干表达式组合成一个表达式（,）。

(8)指针运算符：用于取内容（*）和取地址（&）两种运算。

(9)求字节数运算符：用于计算数据类型所占的字节数（sizeof）。

(10)特殊运算符：有括号（），下标[ ]，成员（→，.）等几种。

2.2.1　算术运算符和算术表达式

1. 五种基本算术运算符

C语言的五种基本算术运算符如下：

+（加法）、-（减法/取负）、*（乘法）、/（除法）、%（求余数）

以上五种算术运算符的运算规则与代数运算规则基本相同，但有以下不同之处需要说明。

关于除法运算（/）　C语言规定：两个整数相除，其商为整数，小数部分被舍弃，例如，5/2 = 2；若两个运算对象中至少有一个是实型，则运算结果为实型，例如，5.0/2 = 2.5。

关于求余数运算（%）　要求运算符两侧的操作数均为整型数据（否则出错），结果是整除后的余数。运算结果的符号随不同系统而定，在VC++中，运算结果的符号与被除数相同。例如，7%3、7%-3的结果均为1（商分别为2、-2）；-7%3、-7%-3的结果均为-1（商分别为-2、2）。

2. 表达式和算术表达式

用运算符和括号将运算对象（常量、变量和函数等）连接起来的、符合C语言语法规则的式子，称为表达式。单个常量、变量或函数，可以看做是表达式的一种特例。将单个常量、变量或函数构成的表达式称为简单表达式，其他表达式称为复杂表达式。

用算术运算符和括号将运算对象（常量、变量和函数等）连接起来的、符合C语言语法规则的式子，称为算术表达式。例如，3+6*9、(x+y)/2-1等，都是算术表达式。

表达式求值遵循以下规则：

(1)按运算符的优先级高低次序执行。例如，先乘除后加减。如表达式a-b*c，b的左侧为减号，右侧为乘号，而乘号优先于减号，因此，相当于a-(b*c)。

(2)如果在一个运算对象（或称操作数）两侧的运算符的优先级相同，则按C语言规定的结合方向（结合性）进行运算。

例如，算术运算符的结合方向是从左至右，即先左后右。如，在执行a-b+c时，变量b先与减号结合（即运算对象先与左边的运算符结合），先执行a-b，然后再执行+c的运算。

如果一个运算符的两侧的数据类型不同，则系统自动会按2.4节所述，先自动进行类型转换，使二者具有同一种类型，然后再进行运算。

3. 自增（++）、自减（--）运算符

自增、自减运算的作用是分别使单个变量的值增1或减1，均为单目运算符。自增、自

减运算符都有两种用法。

(1)前置运算。运算符放在变量之前：

++变量、--变量

先使变量的值增(或减)1，然后再以变化后的值参与其他运算，即先增(减)、后运算。

(2)后置运算。运算符放在变量之后：

变量++、变量--

变量先参与其他运算，然后再使变量的值增(或减)1，即先运算、后增(减)。

例如，如果 i 的原值等于 3，则执行下面的赋值语句后，结果不同。

j =++i;　　/* i 的值先增 1 变成 4，再赋给 j，j 的值为 4 */

j = i++;　　　/* 先将 i 的值 3 赋给 j，j 的值为 3，然后 i 增 1 变成 4 */

【例 2.2.1】自增、自减运算符的用法与运算规则示例。

```c
#include <stdio.h>
void main()
{int x = 6, y;
printf("x = %d \n", x);        /*先输出 x 的初值*/
y =++x;        /*前置运算：x 先增 1(=7)，然后再赋值给 y(=7) */
printf("y = ++x : x = %d, y = %d \n", x, y);
y = x -- ;     /*后置运算：先将 x 的值(=7)赋值给 y(=7)，然后 x 再减 1(=6) */
printf("y = x-- : x = %d, y = %d \n", x, y);
}
```

程序运行结果如下所示：

x = 6

y =++x：x = 7，y = 7

y = x--：x = 6，y = 7

关于自增、自减运算符说明如下：

(1)自增、自减运算常用于循环语句中，使循环控制变量加(或减)1；自增、自减运算也常用于指针变量中，使指针向下(或上)移动一个地址。

(2)自增、自减运算符不能用于常量和表达式。例如，5++、--(a+b)都是非法的。

(3)在表达式中，连续使用同一变量进行自增或自减运算时，很易出错，所以最好避免这种用法。

例如，表达式(x++)+(x++)+(x++)的值等于多少(假设 x 的初值为 3)？在 Turbo C 系统下，该表达式的值等于 9，变量 x 的值变为 6。为什么？请思考。

(4)使用 ++ 和 -- 时，常会出现一些人们"想不到"的副作用，初学者要慎用。在书写时最好采用大家都能理解的写法，避免误解。如：不要写成 i +++ j 的形式，这会产生二义性，最好写成 (i ++)+j 或 i +(++ j)的形式。但 C 语言规定：从左到右取尽可能多的符号组成运算符。例如，设整型变量 i、j 的值均为 5，则 i +++ j 应理解为(i ++)+j，结果为 10，运算后 i 为 6，j 不变。

(5)在 printf()函数中，打印的各项目的求值顺序随各系统而定，在 Turbo C 系统中是从

右向左。例如，在如下程序段中，设 i 的初值为 5，则

Printf("%d,%d", i, i++);

的输出结果为

6，5

2.2.2 赋值运算符和赋值表达式

1. 赋值运算

符号"="就是赋值运算符，它的作用是将一个表达式的值赋给一个变量。

赋值运算符的一般形式：

变量=赋值表达式

注意 被赋值的变量必须是单个变量，且必须在赋值运算符的左边，例如：

x = 5　　　　　　　/* 将 5 赋值给变量 x */

y = (float)5/2　　　　/* 将表达式的值(=2.5)赋值给变量 y */

当表达式值的类型与被赋值变量的类型不一致，但都是数值型或字符型时，系统会自动地将表达式的值转换成被赋值变量的数据类型，然后再赋值给变量。

2. 复合赋值运算

在赋值符"="之前加上其他双目运算符可构成复合赋值符，它是 C 语言中特有的一种运算符，复合赋值运算的一般格式为

变量∣双目运算符=表达式　/* 式中的"∣"只起分隔文字的作用 */

它等价于

变量=变量∣双目运算符 (表达式) /* 式中的"∣"只起分隔文字的作用 */

当表达式为简单表达式时，表达式外的一对圆括号才可缺省，否则可能出错。例如：

a+=5　　　　等价于 a=a+5

x*=y+7　　　等价于 x=x*(y+7)

r%=p　　　　等价于 r=r%p

在赋值符"="之前加上其他二目运算符可构成复合赋值符。如+=，-=，*=，/=，%=，<<=，>>=，&=，^=，∣=。

复合赋值符这种写法，对初学者可能不习惯，但十分有利于编译处理，能提高编译效率并产生质量较高的目标代码。

3. 赋值表达式

由赋值运算符或复合赋值运算符将一个变量和一个表达式连接起来的表达式，称为赋值表达式。其一般格式为

变量∣复合赋值运算符=表达式　/* "∣"只起分隔文字的作用 */

赋值表达式也有一个值，即被赋值变量的值就是赋值表达式的值。例如，"a = 5"这个赋值表达式，变量 a 的值"5"就是该赋值表达式的值。

注意 将赋值运算作为表达式，且允许出现在其他语句(如循环语句)中，这是 C 语言灵活性的一种表现。

4. 运算符的优先级与结合性

C 语言程序设计的学习不仅要熟悉各类运算符的运算规则，而且要清楚各类运算符在表

达式中的优先级与结合性。所谓结合性就是指当一个操作数两侧的运算符具有相同的优先级时，该操作数是先与左边的运算符结合还是先与右边的运算符结合的选择属性。运算对象先与左边的运算符结合，称为左结合性(即从左至右运算)；反之，称为右结合性(即从右至左运算)。结合性是 C 语言的独有概念。

　　一般而言，单目运算符优先级较高，赋值运算符优先级低。算术运算符优先级较高，关系和逻辑运算符优先级较低。多数运算符具有左结合性，单目运算符、三目运算符、赋值运算符具有右结合性。详细的优先性和结合性规则级别参考表 2.2.1。

表 2.2.1　　　　　　　　　　　　　　运算符的优先级与结合性

优 先 级	运 算 符	含　义	运算类型	结 合 性
1	( ) [ ] -> .	圆括号、函数参数表 数组元素下标 指向结构成员 结构体成员		自左至右
2	! ~ ++ -- - (类型) * & sizeof	逻辑非 按位取反 自增1 自减1 求负 强制类型转换 指针运算符 求地址运算符 长度运算符	单目运算	自右至左
3	*　　/　　%	乘法、除法、求余运算符	双目运算	自左至右
4	+　　-	加法、减法运算符	双目运算	自左至右
5	<<　　>>	左移、右移运算符	移位运算	自左至右
6	<　<=　>　>=	小于、小于等于、大于、大于等于	关系运算	自左至右
7	==　　!=	等于、不等于运算符	关系运算	自左至右
8	&	按位与	位运算	自左至右
9	^	按位异或	位运算	自左至右
10	|	按位或	位运算	自左至右
11	&&	逻辑与	逻辑运算	自左至右
12	||	逻辑或	逻辑运算	自左至右
13	?:	条件运算	三目运算	自右至左
14	=　+=　-=　*=　/=　%= >>=　<<=　&=　^=　!=	赋值、运算赋值	双目运算	自右至左
15	,	逗号运算(顺序求值)	顺序运算	自左至右

2.3　数据的混合运算

变量的数据类型是可以转换的。转换的方法有两种,一种是自动转换,另一种是强制转换。

1. 自动类型转换

自动转换发生在不同数据类型的量混合运算时,由编译系统自动完成。自动转换遵循以下规则,转换规则如图 2.3.1 所示。

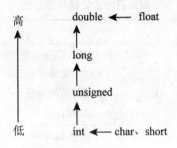

图 2.3.1　转换规则

(1)若参与运算量的类型不同,则先转换成同一类型,然后进行运算。

(2)转换按数据长度增加的方向进行,以保证精度不降低。如 int 型和 long 型运算时,先把 int 量转成 long 型后再进行运算。

(3)所有的浮点运算都是以双精度进行的,即使仅含 float 单精度量运算的表达式,也要先转换成 double 型,再作运算。

(4)char 型和 short 型参与运算时,必须先转换成 int 型。

(5)在赋值运算中,赋值号两边量的数据类型不同时,赋值号右边量的类型将转换为左边量的类型。如果右边量的数据类型长度左边长时,将丢失一部分数据,这样会降低精度,丢失的部分按四舍五入向前舍入。

【例 2.3.1】10+'a'+i*f-d/3,假设已指定 i 为整型变量,值为 3,f 为 float 型变量,值为 2.5,d 为 double 型变量,值为 7.5。

编译时,从左至右扫描,运算次序如下:

①由于" * "比"+"优先级高,先进行 i*f 的运算。先将 i 与 f 都转成,运算结果为 7.5,double 型。

②同理先运算 d/3,先将 3 转为 double 型,d/3 结果为 2.5。

③进行 10+'a'的运算,'a'的值整数是 97,运算结果为 107。

④整数 107 与 i*f 的积相加。先将整数 107 转成双精度数,相加结果为 114.5,double型。后做"-",114.5-2.5,结果为 112.0,double 型。

【例 2.3.2】赋值运算中的类型转换。

main( ){

```
    int a, b=322, c;
    float x, y=8.88;
    char c1='k', c2;
    a=y;
    x=b;
    c=c1;
    c2=b;
    printf("%d,%f,%d,%c", a, x, c, c2);
}
```

运行结果 8, 322.000000, 107, B

本例表明了上述赋值运算中类型转换的规则。a 为整型，赋予实型量 y 值 8.88 后只取整数 8。x 为实型，赋予整型量 b 值 322，后增加了小数部分。字符型量 c1 赋予 c 变为整型，整型量 b 赋予 c2 后取其低八位成为字符型（b 的低八位为 01000010，即十进制 66，按 ASCII 码对应于字符 B）。

2. 强制类型转换

强制类型转换是通过类型转换运算来实现的。

其一般形式如下：

　　（类型说明符）（表达式）

其功能是把表达式的运算结果强制转换成类型说明符所表示的类型。

例如：

（double）　　　　　a 将变量 a 的值转换成 double 型

（int）（x+y）　　　将 x+y 的结果转换成 int 型

（float）5／2　　　等价于（（float）5）/2，将 5 转换成实型，再除以 2（=2.5）

（float）（5／2）　　将 5 整除 2 的结果（2）转换成实型（2.0）

在使用强制转换时应注意以下问题：

（1）类型说明符和表达式都必须加括号（单个变量可以不加括号），如把（int）（x+y）写成（int）x+y 则成了把 x 转换成 int 型之后再与 y 相加了。

（2）无论是强制转换或是自动转换，都只是为了本次运算的需要而对变量的数据长度进行的临时性转换，而不改变数据说明时对该变量定义的类型。

【例 2.3.3】 强制类型转换。

```
main(){
    float f=5.75;
    printf("(int)f=%d, f=%f\n", (int)f, f);
}
```

本例表明，f 虽强制转为 int 型，但只在运算中起作用，是临时的，而 f 本身的类型并不改变。因此，（int）f 的值为 5（删去了小数）而 f 的值仍为 5.75。

习　　题

1. C 语言基本类型包含有＿＿＿＿、＿＿＿＿、＿＿＿＿和枚举型四种。

普通高等教育『十三五』规划教材

2. 在程序运行过程中，其值不能改变的量称为_____，其值可以改变的量称为_____。

3. x 和 y 均为 int 型变量，且 x=1，y=2，则表达式 1.0+x/y 的值为_____。

4. a，b，c 均为整型数，且 a=2，b=3，c=4，则执行以下语句后，a 的值是_____。

5. 执行下列语句，变量 b 中的值是_____。

```
int a=10，b=9，c=8；
c=(a-=(b-5))；
c=(a%11)+(b=3)；
a*=16+(b++)-(++c)；
```

6. 以下程序段的输出结果是_____。

```
int k=10；
float a=3.5，b=6.7，c；
c=a+k%3*(int)(a+b)%2/4；
```

7. 变量 x 为 float 型且已赋值，则以下语句中能将 x 中的数值保留到小数点后两位，并将第三位四舍五入的是(   )。

    A. x=x*100+0.5/100.0；   B. x=(x*100+0.5)/100.0；

    C. x=(int)(x*100+0.5)/100.0；   D. x=(x/100+0.5)*100.0；

8. 若有以下定义和语句：

```
int a=5，b
b=a++；
```

此处 b 的值是(   )。

    A. 7   B. 6   C. 5   D. 4

9. 以下选项中合法的实型常数是(   )。

    A. 5E2.0   B. E-3   C. .2E0   D. 1.3E

10. 以下选项中合法的用户标识符是(   )。

    A. long   B. _2Test   C. 3Dmax   D. A.dat

11. a 和 b 均为 double 型变量，且 a=5.5，b=2.5，则表达式(int)a+b/b 的值是(   )。

    A. 6.500000   B. 6   C. 5.500000   D. 6.000000

12. 以下程序执行后的输出结果是(   )。

```
main(  )
{   int k=2，i=2，m；
m=(k+=i*=k)；printf("%d,%d\n"，m，i)；
}
```

    A. 8，6   B. 8，3   C. 6，4   D. 7，4

13. 下面的程序是计算由键盘输入的任意两个整数的平均值。

```
#include <stdio.h>
main( )
{
int x，y，a；
scanf("%x,%y"，&x，&y)；
```

```
a=(x+y)/2;
printf("The average is :"a);
}
```

调试无语法错误后，分别使用下列测试例子对上述程序进行测试。

①2, 6

②1, 3

③-2, -6

④-1, -3

⑤-2, 6

⑥-1, 3

⑦1, 0

⑧1, 6

⑨32800, 33000

⑩-32800, 33000

分析上述哪几组测试例子较好？通过测试，你发现程序有语法错误吗？若有错误，请指出错误原因。

操作符 sizeof 用以测试一个数据或类型所占用的存储空间的字节数。请编写一个程序，测试各基本数据类型所占用的存储空间大小。

第3章 顺序结构程序设计

通过前两章的学习，我们对 C 语言的数据类型有了基本的了解，接下来要进行程序的设计。程序设计的主要任务是用一定的算法对数据进行处理。从程序流程的角度来看，算法可以分为三种基本结构，即顺序结构、分支结构、循环结构。这三种基本结构可以组成所有的各种复杂程序。C 语言提供了多种语句来实现这些程序结构。本章首先介绍算法的概念和算法的表示方法。然后介绍 C 语言的基本语句及其在顺序结构中的应用，使读者对 C 程序有一个初步的认识，为后面各章的学习打下基础。

3.1 算法与结构化程序设计

3.1.1 算法的概念

计算机尽管可以完成许多极其复杂的工作，但实质上这些工作都是按照事先编好的程序进行的。所以人们常把程序称为计算机的灵魂。一个程序应包括以下两个方面的内容：（1）对数据的描述。在程序中药指定数据的类型和数据的组织形式，即数据结构。（2）对操作的描述。即操作步骤，也就是算法。著名的瑞士计算机科学家沃思（Niklaus Wirth）提出了一个公式：

$$算法 + 数据结构 = 程序$$

面向过程的程序有两大要素：数据结构和算法。数据结构是程序所处理的对象——数据的表示方法和组织形式，数据类型是其重要内容。算法（algorithm）是对操作的描述，即操作步骤。

做任何事情都有一定的步骤。为解决一个问题而采取的方法和步骤，就称为算法。例如，菜谱实际上是做菜肴的算法，乐谱实际上是演奏的算法。对同一个问题，可有不同的解题方法和步骤，产生的结果或者效果也可能有所差异。计算机算法是计算机能够执行的算法，计算机程序是用某种程序设计语言描述的解题算法。

实际上，一个程序除了以上两个要素以外，还应当采用结构化程序设计方法进行程序设计。结构化程序设计方法要求：一个程序只能由三种基本控制结构（顺序结构、选择结构和循环结构）或由它们派生出来的结构组成。1966 年 Bohm 和 Jacopini 证明，由这三种基本结构可以组成任何结构的算法，以解决任何问题。

一个算法应该具有以下特点：

（1）有穷性。一个算法应包含有限的步骤，而不是无限的，或者说算法所规定的操作序列必须在允许的时间内结束。例如，一个计算机算法若要执行 100 年以上，就失去有穷性。

（2）有效性。有效性指算法所规定的操作都应当是能够有效执行的，并能得到确定的结果。例如，若 b=0，则执行 a/b 是不能有效执行的。

（3）确定性。确定性是指所描述的操作应当具有明确的意义，不应当有歧义性。例如，不能发出这样的操作指令："执行一个算术操作"。因为它既没有指出算术操作的类型，也没有指出操作数。

（4）确定的输入和输出性。输入是指在执行算法时需要从外界取得必要的信息。一个算法可以有零个或多个输入。算法执行完毕，必须有一个或若干个输出结果，没有输出的算法是没有意义的，所以一个算法必须有一个或多个输出。

3.1.2　算法的描述

为了描述算法，人们创建了许多算法描述工具。常用的几种工具：自然语言描述法、流程图表示法、N-S 流程图表示法、伪代码表示法和计算机语言表示法等。

1. 用自然语言描述算法

自然语言是人们日常使用的语言，可以是汉语、英语或其他语言。用自然语言表示的优点是通俗易懂，但文字冗长，容易出现"歧义性"。而自然语言表示的含义往往不太严格，要根据上下文才能判断其正确含义，且描述包含分支和循环的算法时也不很方便。因此，除了对那些很简单的问题外，一般不用自然语言描述算法。

2. 用流程图表示算法

流程图是一种使用很广泛的算法描述工具。这种工具的特点是用一些图框表示各种类型的操作，用线表示这些操作的执行顺序。美国国家标准化协会 ANSI（American National Standard Institute）规定了一些常用的流程图符号，具体见图 3.1.1。

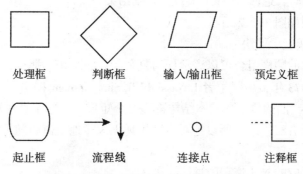

处理框　　　判断框　　　输入/输出框　　　预定义框

起止框　　　流程线　　　连接点　　　注释框

图 3.1.1　常用的流程图标准化符号

处理框　表示各种处理功能。例如，执行一个或一组特定的操作，从而使信息的值、信息的形式或所在位置发生变化。矩形内可注明处理名称或其简要功能。

判断框　表示判断。菱形内可注明判断的条件。它只有一个入口，但可以有若干个可供选择的出口，在对定义的判断条件求值后，有一个且仅有一个出口被选择。求值结果可在表示出口路径的流程线附近写出。

输入/输出框　表示数据，其中可注明数据名称、来源、用途或其他的文字说明。

预定义框　表示已命名的处理。该处理为在另外地方已得到详细说明的一个操作或一组操作。例如库函数或其他已定义的函数等。矩形内可注明特定的处理名称或其简要功能。

起止框　表示算法的开始和结束。

流程线　表示执行的流程。当流程自上向下或由左向右时，流程线可不带箭头，其他情况下应加箭头表示流程。

连接点　用于将画在不同位置的流程线连接起来。使用连接点，可以避免流程线的交叉或过长，使流程图清晰。

注释框　注释是程序的编写者向阅读者提供的说明。注释框由粗边线构成，它用虚线连接到被注解的符号或符号组上。

一般情况下，一个流程图包括以下几部分：表示相应操作的框；带箭头的流程线；框内外必要的文字说明。

【例 3.1.1】 判定 2000—2500 年中的每一年是否为闰年，将结果输出。分别用自然语言和流程图表示该算法。

闰年的条件：

能被 4 整除，但不能被 100 整除的年份；能被 100 整除，又能被 400 整除的年份。

设 y 为被检测的年份，则算法可表示如下：

S1：2000→y

S2：若 y 不能被 4 整除，则输出 y "不是闰年"，然后转到 S6

S3：若 y 能被 4 整除，不能被 100 整除，则输出 y "是闰年"，然后转到 S6

S4：若 y 能被 100 整除，又能被 400 整除，则输出 y "是闰年"，否则输出 y "不是闰年"，然后转到 S6

S5：输出 y "不是闰年"

S6：y+1→y

S7：当 y≤2500 时，返回 S2 继续执行，否则结束

该算法的流程图如图 3.1.2 所示。

3. 用 N-S 流程图表示算法

既然用基本结构的顺序组合可以表示任何复杂的算法结构，那么，基本结构之间的流程线就属多余的了。1973 年，美国学者 I. Nassi 和 B. Shneiderman 提出了一种无流程线的流程图，称为 N-S 图。N-S 图的每一种基本结构都是一个矩形框，整个算法可以像堆积木一样堆成。由于 N-S 图中没有流程线，所以绝对不会出现无规律地使流程随意转向的情况，只能顺序地进行下去。

例 3.1.1 算法对应的 N-S 流程图见图 3.1.3。

4. 用伪代码描述算法

伪代码（pseudo code）是用介于自然语言与计算机语言之间的文字符号进行算法描述的工具。它无固定的、严格的语法规则，通常是借助某种高级语言的控制结构，中间的操作可以用自然语言（如中文或英文）描述，也可以用程序设计语言，或使用自然语言与程序设计语言的混合描述。一般专业人员习惯用伪代码进行算法描述。

5. 用计算机语言表示算法

用计算机语言表示算法也就是用计算机实现算法。要完成一件工作，包括设计算法和实现算法两个部分。设计算法的目的是为了实现算法。计算机是无法识别流程图和伪代码的。只有用计算机语言编写的程序才能被计算机识别。因此在用流程图或伪代码描述一个算法后，还要将它转换成计算机语言程序。用计算机语言表示算法必须严格遵循所用的语言的语法规则，这是和伪代码不同的。

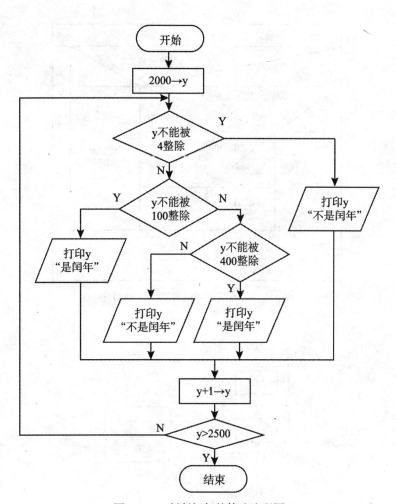

图 3.1.2　判断闰年的算法流程图

3.1.3　三种基本控制结构的描述

任何一个程序都能由顺序结构、选择结构和循环结构三种基本控制结构(或由它们派生出来的结构)组成。1966 年 Bohm 和 Jacopini 证明，由这三种基本结构可以组成任何结构的算法，以解决任何问题。

1. 顺序结构

顺序结构中的语句是按书写的顺序执行的，即语句的执行顺序与书写顺序一致。一般说来，程序中的语句是顺序执行的。顺序结构是最简单的一种基本结构(见图 3.1.4)。

2. 选择结构

选择结构又称为选取结构或分支结构。选择结构中比包含一个判断框，根据给定的条件 P 是否成立而选择执行不同的语句，例如执行 A 框还是 B 框。由二分支选择，可以派生出多分支选择结构(见图 3.1.5)。

3. 循环结构

循环结构又称为重复结构，即反复执行某一部分的操作。循环结构可分为当型循环结构

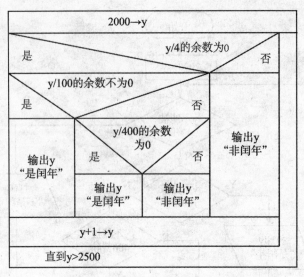

图 3.1.3　判断闰年的算法 N-S 流程图

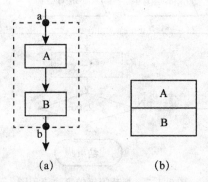

图 3.1.4　顺序结构的流程图和 N-S 流程图描述

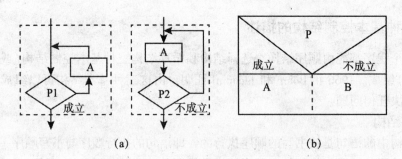

图 3.1.5　选择结构的流程图和 N-S 流程图描述

和直到型循环结构。

　　(1)当型(while 型)循环结构

　　当型循环的流程图如图 3.1.6 所示，当 P1 条件成立(为"真")时，反复执行 A 操作。直到 P1 为"假"时才停止循环，此时不再执行 A 操作，而从 b 点脱离循环结构。

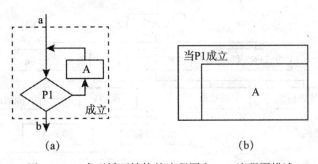

图 3.1.6　当型循环结构的流程图和 N-S 流程图描述

（2）直到型（until 型）循环结构

直到型循环的流程图如图 3.1.7 所示，先执行 A 操作，再判断 P2 是否为"假"，若 P2 为"假"，再执行 A 操作，如此反复，直到 P2 为"真"为止，此时不再执行 A 操作，而从 b 点脱离循环结构。

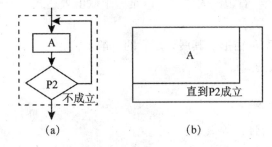

图 3.1.7　直到型循环结构的流程图和 N-S 流程图描述

前面介绍的三种基本结构组成的算法，可以解决任何复杂的问题。由基本结构所构成的程序属于"结构化"的程序，这种程序便于编写、阅读、修改和维护。这就减少了程序出错的机会，提高了程序的可靠性，保证了程序的质量。

3.2　C 语言的语句

C 程序的结构如图 3.2.1 所示。即一个 C 程序可以由若干个源程序文件组成，一个源文件可以由若干个函数和预处理命令以及全局变量声明部分组成，一个函数由函数首部和函数体组成，而函数体由局部变量声明和执行语句组成。C 程序的执行部分是由语句组成的。

C 语言程序中语句的种类很多，大致可以分为以下 5 类。

1. 表达式语句

表达式语句由表达式加上分号"；"组成。其一般形式为

表达式；

执行表达式语句就是计算表达式的值，其作用一般用来改变变量的值。例如：

a=10；　／＊ 赋值语句，将 10 赋给变量 a，执行后变量 a 的值变为 10 ＊／

i++；　／＊ 自增 1 语句，i 值增 1 ＊／

赋值语句是赋值表达式再加上一个分号构成的的表达式语句。它是程序中使用最多的语

普通高等教育『十三五』规划教材

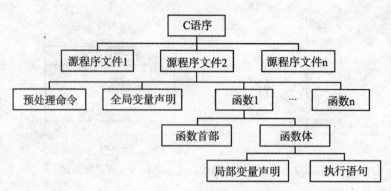

图 3.2.1　C 程序的结构

句之一。在赋值语句的使用中需要注意以下几点。

(1)C 语言中的赋值号"="是一个运算符，在其他大多数语言中赋值号不是运算符。

(2)由于在赋值符"="右边的表达式可以是一个赋值表达式，因此，下述形式

变量=(变量=表达式)；

是成立的，从而形成嵌套的情形。其展开之后的一般形式为

变量=变量=…=表达式；

例如：

a=b=c=10；

按照赋值运算符的右结合性，等效于

c=10；

b=c；

a=b；

(3)注意在变量说明中给变量赋初值和赋值语句的区别。

给变量赋初值是变量说明的一部分，赋初值后的变量与其后的其他同类变量之间仍必须用逗号间隔，而赋值语句则必须用分号结尾。例如：

int a=10，b，c，d；

(4)在变量说明中，不允许连续给多个变量赋初值。如下述说明是错误的：

int a=b=c=10；

上述式子的正确写法应为

int a=10，b=10，c=10；

而赋值语句允许连续赋值。

(5)注意赋值表达式和赋值语句的区别。

赋值表达式是一种表达式，它可以出现在任何允许表达式出现的地方，而赋值语句则不能。例如下述语句是合法的：

if((a=b)>0)t=a；

该语句的功能是：先进行赋值运算(将 b 的值赋给 a)，然后判断 a 是否大于 0，如大于 0，执行 t=a。在 if 语句中"a=b"不是赋值语句而是赋值表达式。

下述语句是非法的：

if((a=b;)>0)t=a;

因为"a=b;"是语句,不能出现在表达式中。由此可以看出,C 语言把赋值语句和赋值表达式区别开来,增加了表达式的种类,从而使表达式的功能变得非常强大。

2. 控制语句

控制语句由特定的语句定义符组成,用于完成一定的控制功能。C 语言有 9 种控制语句,可分成以下 3 类。

(1)条件判断语句:if 语句、switch 语句。

(2)循环执行语句:for 语句、while 语句、do while 语句。

(3)转向语句:break 语句、goto 语句、continue 语句、return 语句。

在以后的章节中,我们会陆续学习 C 语言的控制语句。

3. 函数调用语句

函数调用语句由一个函数调用加一个分号构成(在后面函数部分中详细介绍)。例如:

printf("This is a C Program");

该语句为输出函数调用语句,作用是将"This is a C Program"这一串字符输出到输出设备(一般为显示器)。

4. 复合语句

把多个语句用括号{}括起来组成的一个语句称为复合语句。在程序中应把复合语句看成是一条语句,而不是多条语句。例如:

```
{
    temp=a;
    a=b;
    b=temp;
}
```

是一条复合语句。注意:复合语句内的各条语句都必须以分号";"结尾,在括号"}"外不需要加分号。

5. 空语句

只有分号";"组成的语句称为空语句。空语句什么也不做。在程序中空语句可用来作为循环语句的循环体(循环体是空语句,表示循环体什么也不做)。

while(getchar()! ='\ n')

　　;

该循环语句的循环体为空语句,整个语句的功能是从键盘输入字符,如果输入的不是换行字符"\ n"就循环执行空语句,直到输入的字符是"\ n"字符才结束循环。

3.3　数据输出

所谓输入/输出是以计算机为主体而言的。从计算机向外部输出设备(如显示器)输出数据称为输出,从输入设备(如键盘)向计算机输入数据称为输入。C 语言本身不提供输入输出语句,所有的数据输入/输出都是由库函数完成的。C 语言函数库中有一批"标准输入输出函数",其中有:putchar(输出字符)、getchar(输入字符)、printf(格式输出)、scanf(格式输入)、puts(输出字符串)、gets(输入字符串)。在本章中主要介绍前面 4 个最基本的输入输出函数。

在使用 C 语言库函数时，要用预编译命令

#include

将有关"头文件"包含到源文件中。

使用标准输入/输出库函数时要用到 stdio. h 文件，因此源文件开头应有以下预编译命令：

#include< stdio. h >

或

#include" stdio. h"

其中 stdio 是 standard input & output 的缩写。

printf 和 scanf 函数是 C 程序中使用频繁的两个输入输出函数，有的 C 语言编译系统允许在使用这两个函数时可不加#include< stdio. h >命令，但有的编译系统则不行。因此应养成这样的习惯，只要在程序中使用了标准的输入输出库函数时，一律加上"#include< stdio. h >"命令。

3.3.1 printf 函数(格式输出函数)

printf 函数称为格式输出函数，其关键字最末的一个字母 f 即为"格式"(format)之意。其功能是按用户指定的格式，把指定的数据显示到显示器屏幕上。在前面的例题中我们已多次使用过这个函数。

1. printf 函数调用的一般形式

(1)printf 函数调用的一般形式为

printf("格式控制字符串", 输出表列)

例如：

printf("%d,%c \ n", a, b)

"格式控制字符串"是双引号括起来的字符串，用于指定输出格式，包括两种信息：(1)格式字符串：格式字符串是以%开头的字符串，在%后面跟有各种格式字符，以说明输出数据的类型、形式、长度、小数位数等。例如：

"%d"/∗ 表示按十进制整型输出 ∗/

"%c"/∗ 表示按字符型输出等 ∗/

(2)非格式字符串在输出时原样打印，在显示中起提示作用。

"输出表列"中给出了各个输出项，要求格式字符串和各输出项在数量和类型上应该一一对应。

【例 3. 3. 1】函数 printf 的调用格式举例 1。

```
#include<stdio. h>
void main( )
{
    int a=65, b=66;
    printf( "%d %d \ n", a, b);
    printf( "%d,%d \ n", a, b);
    printf( "%c,%c \ n", a, b);
```

运行结果为：

65 66

65，66

A，B

例 3.3.1 中三次输出了 a，b 的值，但由于格式控制串不同，输出的结果也不相同。第一次的输出语句格式控制串中，两格式串%d 之间加了一个空格（非格式字符），所以输出的 a，b 值之间有一个空格。第二次的 printf 语句格式控制串中加入的是非格式字符逗号，因此输出的 a，b 值之间加了一个逗号。第三次的格式控制串要求按字符型输出 a，b 的值。

【例 3.3.2】函数 printf 的调用格式举例 2。

```
#include<stdio. h>
void main( )
{
    int a=65，b=66；
    printf("a=%d，b=%d \ n"，a，b)；
}
```

运行结果为：

a=65，b=66

本例的输出语句格式控制串中，"a="和"b="属于普通字符，在输出时原样显示在输出窗口中。

2. 格式字符串

输出格式字符串的一般形式为

%[标志][输出最小宽度][. 精度][长度]类型

其中方括号[ ]中的项为可选项。各项的意义如下所述。

(1)类型。用以表示输出数据的类型，其格式字符及其意义如表 3.3.1 所示。

表 3.3.1　　　　　　　　　　　**类型格式字符及其意义**

格 式 字 符	意　　义
D	以十进制形式输出带符号整数(正数不输出符号)
O	以八进制形式输出无符号整数(不输出前缀 0)
x，X	以十六进制形式输出无符号整数(不输出前缀 0x)
U	以十进制形式输出无符号整数
F	以小数形式输出单、双精度实数
e，E	以指数形式输出单、双精度实数
g，G	以%f 或%e 中较短的输出宽度输出单、双精度实数
C	输出单个字符
S	输出字符串

（2）附加成分格式字符说明：

①长度。长度格式符为 h，l 两种，h 表示按短整型量输出，l 表示按长整型量输出。

②精度。精度格式符以"."开头，后跟十进制整数。本项的意义是：如果输出数字，则表示小数的位数；如果输出字符，则表示输出字符的个数；若实际位数大于所定义的精度数，则截去超过的部分。

③输出最小宽度。用十进制整数来表示输出的最少位数。若实际位数多于定义的宽度，则按实际位数输出，若实际位数少于定义的宽度则补以空格或 0。

④标志。标志字符有 –、+、#、空格四种，其意义如表 3.3.2 所示。

表 3.3.2　　　　　　　　　　　　　　标志字符及其意义

标　志　字　符	意　　义
–	结果左对齐，右边填空格
+	输出符号（正号或负号）
空格	输出值为正时冠以空格，为负时冠以负号
#	对 c，s，d，u 类无影响；对 o 类，在输出时加前缀 0；对 x 类，在输出时加前缀 0x；对 e，g，f 类，当结果有小数时才给出小数点

【例 3.3.3】printf 常用格式综合举例。

```
#include<stdio. h>
void main( )
{
    int a＝98；
    float b＝56. 34；
    printf( "a＝%6d\n",a)；
    printf( "%c\n",a)；
    printf( "%7.5f\n",b)；
    printf( "%10.5f\n",b)；
}
```

说明："□"表示空格。

运行结果为：

a＝□□□□98

b

56. 34000

□□56. 34000

本例中以下列 4 种格式使用输出函数 printf：

（1）其中"a＝%6d"要求输出宽度为 6，而 a 的值为 98，故补 4 个空格。

（2）其中"%c"要求按字符形式输出，而 a 的值为 98，对应的 ASCII 码为"b"。

（3）其中"%7.5f"要求输出的宽度为 7，精度为 5，实际长度超过 7，故应该按实际位数输出。小数位补 3 个 0，保证精度 5。

（4）其中"%10.5f"要求输出的宽度为 10，精度为 5，位数不够，故补 2 个空格。

3.3.2　putchar 函数

putchar 函数是字符输出函数，其功能是在显示器上输出单个字符。其一般形式为

putchar(c)；

它输出字符变量 c 的值，c 可以是字符型变量或整型变量。

例如：

putchar('A')；　／＊ 输出大写字母 A ＊／

putchar(c)；　　／＊ 输出字符变量 c 的值 ＊／

也可以输出其他转义字符，例如：

putchar('\101')；／＊ 也是输出字符 A ＊／

putchar('\n')；／＊ 换行 ＊／

对控制字符则执行控制功能，不在屏幕上显示。

【例 3.3.4】输出单个字符。

```
#include<stdio.h>
void main( )
{
    char a='B', b='O', c='Y';
    putchar(a); putchar(b); putchar(c); putchar('\t');
    putchar('A'); putchar('\n');
}
```

运行结果：

BOY　　A

3.4　数据的输入

3.4.1　scanf 函数（格式输入函数）

scanf 函数称为格式输入函数，即按用户指定的格式从键盘上把数据输入到指定的变量之中。

1. scanf 函数的一般形式

scanf 函数的一般形式为

scanf("格式控制字符串"，地址表列)；

其中，格式控制字符串的作用与 printf 函数相同，但不能显示非格式字符串，也就是不能显示提示字符串。地址表列中给出变量的地址，地址是由地址运算符"&"后跟变量名组成的。例如：

&a, &b

分别表示变量 a 和变量 b 的地址。

这个地址就是编译系统在内存中给变量 a 和变量 b 分配的地址。在 C 语言中，使用了地址这个概念，这是与其他语言不同的。应该把变量的值和变量的地址这两个不同的概念区别

普通高等教育『十三五』规划教材

开来。变量的地址是 C 编译系统自动分配的，用户不必关心具体的地址是多少。

变量的地址和变量的值的关系如下：

在赋值表达式中给变量 a 赋值，例如：

a=10

则 10 是变量 a 的值，&a 是变量 a 的地址。

【例 3.4.1】程序如下：

```c
#include<stdio. h>
void main( )
{
    int a, b, c;
    scanf("%d%d", &a, &b);
    printf("a=%d, b=%d", a, b);
}
```

在例 3.4.1 中，执行 scanf 语句，等待用户输入，用户输入"10　20"后按下回车键。在 scanf 语句的格式串中由于没有非格式字符在"%d%d"之间作输入时的间隔，因此在输入时要用一个以上的空格或回车键或 Tab 作为每两个输入数之间的间隔。例如：

10 20

或

10

20

2. 格式字符串

格式字符串的一般形式为

%[*][输入数据宽度][长度]类型

其中有方括号[ ]的项为可选项。各项的意义说明如下所述。

(1)类型。表示输入数据的类型，其格式字符及其意义如表 3.4.1 所示。

表 3.4.1　　　　　　　　　　　格式字符及其意义

格式字符	意　　义
D	输入十进制整数
O	输入八进制整数
X	输入十六进制整数
U	输入无符号十进制整数
f 或 e	输入实型数(用小数形式或指数形式)
C	输入单个字符
S	输入字符串

(2)" * "符。用以表示该输入项被读入后不赋予相应的变量，即跳过该输入值。例如：

scanf("%d % * d %d", &a, &b);

当输入为："1   2   3"时，把 1 赋予 a，2 被跳过，3 赋予 b。

(3) 宽度。用十进制整数指定输入的宽度(即字符数)。例如：

scanf("%5d", &a);

输入"12345678"，只把 12345 赋予变量 a，其余部分被截去。又如：

scanf("%4d%4d", &a, &b);

输入"12345678"，把 1234 赋予 a，而把 5678 赋予 b。

(4) 长度。长度格式符为 l 和 h。l 表示输入长整型数据(如%ld)和双精度浮点数(如%lf)，h 表示输入短整型数据。

3. 使用 scanf 函数注意事项

(1) scanf 函数中没有精度控制，如"scanf("%5.2f", &a);"是非法的。不能企图用此语句输入小数为 2 位的实数。

(2) scanf 函数中要求给出变量地址，如给出变量名则会出错。如"scanf("%d", a);"是非法的，应改为"scnaf("%d", &a);"才是合法的。

(3) 在输入多个数值数据时，若格式控制串中没有非格式字符作输入数据之间的间隔，则可用空格、Tab 或回车作间隔。C 语言编译系统在碰到空格、Tab、回车时，即认为该数据结束。

(4) 如果在"格式控制字符串"中除了格式说明以外还有其他字符，则在输入数据时在对应位置应输入与这些字符相同的字符。例如：

scanf("%d,%d", &a, &b);

输入时应用如下形式

10, 20

注意：10 后面是逗号，它与 scanf 函数中"格式控制字符串"中的逗号相对应。如果输入时不用逗号而用空格或其他字符是不对的。

(5) 在输入字符数据时，若格式控制串中无非格式字符，则认为所有输入的字符均为有效字符。

例如：

scanf("%c%c%c", &a, &b, &c);

输入为

A   B   C

则把'A'赋予 a，' ' 赋予 b，'B'赋予 c。

只有当输入为

ABC

时，才能把'A'赋予 a，'B'赋予 b，'C'赋予 c。

如果在格式控制串中加入空格作为间隔，例如：

scanf ("%c %c %c", &a, &b, &c);

则输入时各数据之间可加空格。

3.4.2 getchar 函数

getchar 函数是字符输入函数，它的功能是从键盘上输入一个字符。其一般形式为

getchar();

通常把输入的字符赋给一个字符变量，构成赋值语句。例如：

```
char c;
c = getchar( );
```

【例 3.4.2】输入单个字符。

```
#include<stdio. h>
void main( )
{
    char c;
    printf( "input a character \ n" );
    c = getchar( );
    putchar( c );
}
```

使用 getchar 函数还应注意如下两个问题：

(1) getchar 函数只能接受单个字符，输入数字也按字符处理。当输入多于一个字符时，只接收第一个字符。

(2) 程序最后两行可用下列两行的任意一行代替：

```
putchar( getchar( ) );
printf( "%c", getchar( ) );
```

3.5   顺序结构

顺序结构是程序最基本的结构，它的含义是指程序严格按照语句书写的先后顺序，由上到下、从左至右依次逐条地执行每一条语句，只有在上一条语句执行完以后，才能执行下一条语句。如图 3.5.1 所示，虚线框内是一个顺序结构。其中 A 和 B 两个框是顺序执行的。即：执行完 A 框内所指定的操作后，必然接着执行 B 框所指定的操作。可见，顺序结构程序设计不发生控制转移，所以又称为最简单的 C 程序。下面介绍几个顺序程序设计的例子。

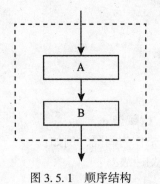

图 3.5.1   顺序结构

【例 3.5.1】输入三角形的三边长，求三角形面积。

为简单起见，假设输入的三角形的三个边长 a、b、c 能构成三角形。从数学知识已知该三角形的面积公式为

$$area = \sqrt{s(s-a)(s-b)(s-c)}$$

其中 s = (a+b+c)/2。

据此编写源程序如下：

```
#include<stdio. h>
#include<math. h>


void main( )
{
    float a,b,c,s,area;
    scanf("%f,%f,%f", &a,&b,&c);
    s=1. 0/2*(a+b+c);
    area=sqrt(s*(s-a)*(s-b)*(s-c));
    printf("a=%7. 2f, b=%7. 2f, c=%7. 2f, s=%7. 2f\ n", a, b, c, s);
    printf("area=%7. 2f\ n", area);
}
```

平方根函数 sqrt( ) 是数学函数库中的函数，所以开头要有#include<math. h>。注意，以后凡是要用到数学函数库的函数，都要包含"math. h"头文件。

运行情况如下：

输入：3，4，6

输出结果如下：

a=□□3. 00, b=□□4. 00, c=□□6. 00, s=□□6. 50

area=□□5. 33

【例 3.5.2】从键盘输入一个大写字母，要求改用小写字母输出。

从 ASCII 代码表中可以看到每一个小写字母比它相应的大写字母的 ASCII 码大 32。

据此编写源程序如下：

```
#include<stdio. h>
void main( )
{
    char c1, c2;
    c1=getchar( );
    c2=c1+32;    /*也可以写成 c2=c1+'a'-'A'*/
    printf("%c\ n", c2);
}
```

运行情况如下：

输入：B

输出：b

用 getchar( ) 函数得到从键盘上输入的字母'B'，赋给字符变量 c1，再经过运算得到字母'b'，赋给字符变量 c2。

【例 3.5.3】求方程 $ax^2+bx+c=0$ 的根，a、b、c 由键盘输入，设 $b^2-4ac>0$。

大家都知道，一元二次方程的根为：

$$x_1 = \frac{-b + \sqrt{b^2 - 4ac}}{2a}, \quad x_2 = \frac{-b - \sqrt{b^2 - 4ac}}{2a}$$

可以将上面的公式分为两项：

$$p = \frac{-b}{2a}, \quad q = \frac{\sqrt{b^2 - 4ac}}{2a}$$

那么 $x_1 = p + q$，$x_2 = p - q$

据此编写源程序如下：

```c
#include<stdio. h>
#include<math. h>
void main( )
{
    float a, b, c, disc, x1, x2, p, q;
    scanf("a=%f, b=%f, c=%f", &a, &b, &c);
    disc=b*b-4*a*c;
    p=-b/(2*a);
    q=sqrt(disc)/(2*a);
    x1=p+q;
    x2=p-q;
    printf("x1=%5. 2f\nx2=%5. 2f\n", x1, x2);
}
```

运行情况如下：
输入：a=1, b=3, c=2
输出：x1=-1.00
　　　x2=-2.00

3.6　实训1

显示图书管理系统主菜单。
参考代码如下：

```c
system("cls"); //清屏函数
printf("\n");
printf("\t\t\t****************************\n");
printf("\t\t\t*                          *\n");
printf("\t\t\t*      图书信息管理系统      *\n");
printf("\t\t\t*                          *\n");
printf("\t\t\t*    [0]  退出             *\n");
printf("\t\t\t*    [1]  查看所有图书信息   *\n");
printf("\t\t\t*    [2]  输入图书记录       *\n");
printf("\t\t\t*    [3]  删除图书记录       *\n");
printf("\t\t\t*    [4]  编辑图书记录       *\n");
```

```
printf(" \ t \ t \ t *      [5]    查询(书名)                  * \ n");
printf(" \ t \ t \ t *      [6]    查询(作者名)                * \ n");
printf(" \ t \ t \ t *      [7]    排序(登录号)                * \ n");
printf(" \ t \ t \ t *                                          * \ n");
printf(" \ t \ t \ t ****************************** \ n");
```

习　题

1. 输入任意的两个整数，求它们的平均值及和的平方根。

2. 输入一个华氏温度，要求输出摄氏温度。公式为 $C = \dfrac{5}{9}(F - 32)$。输出要有文字说明，取 3 位小数。

3. 从键盘上输入两个变量的值，编程交换两个变量的值并输出。

4. 从键盘上输入 BOY3 个字符，然后把它们输出到屏幕。

5. 设圆半径 r = 1.5，圆柱高 h = 3，求圆周长、圆面积、圆球表面积、圆球体积、圆柱体体积。用 scanf 输入数据，输出计算结果，输出要有文字说明，取小数后 2 位数字。

普通高等教育『十三五』规划教材

第4章 选择结构程序设计

选择结构是 C 语言的三种基本结构之一，又称选取结构或分支结构。顺序结构的程序虽然能解决计算、输出等问题，但不能先做判断再选择。对于要先做判断再选择的问题就要使用分支结构。在大多数程序中都会包含选择结构，在本章中介绍如何用 C 语言实现选择结构。

4.1 选择结构

选择结构的执行是依据一定的条件选择执行路径，而不是严格按照语句出现的物理顺序。分支结构的程序设计方法的关键在于构造合适的分支条件和分析程序流程，根据不同的程序流程选择适当的分支语句，如图 4.1.1 所示。虚线框内是一个选择结构，此结构中必定包含已给判断框。根据给定的条件 p，如果条件成立，执行 A 框，如果条件不成立，执行 B 框。注意：无论 p 条件是否成立，只能执行 A 框或 B 框之一，不可能同时既执行 A 框又执行 B 框。

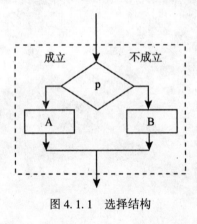

图 4.1.1 选择结构

4.2 条件的表示

选择结构是根据判断给定的条件是否成立来执行不同的操作。那么条件的表示就显得尤为重要，分支结构中的条件经常采用关系表达式和逻辑表达式来表示条件。

4.2.1 关系运算符和表达式

在程序中经常需要比较两个量的大小关系，以决定程序下一步的工作。所谓"关系运算"实际上是"比较运算"，比较两个量的运算符称为关系运算符。

1. 关系运算符及其优先顺序

C 语言中提供下列 6 种关系运算符：

①<　　　　　　小于

②<=　　　　　小于或等于

③>　　　　　　大于

④>=　　　　　大于或等于

⑤==　　　　　等于

⑥!=　　　　　不等于

关于关系运算符的几点说明：

（1）在 6 个关系运算符中，前 4 个关系运算符(<，<=，>，>=)的优先级相同，后 2 个关系运算符(==,!=)优先级相同。前 4 个优先级高于后 2 个。

（2）关系运算符的优先级低于算术运算符。

（3）关系运算符的优先级高于赋值运算符。

(4)关系运算符都是双目运算符，其结合性均为左结合。

优先关系见图 4.2.1。

图 4.2.1　优先关系

2. 关系表达式

用关系运算符可以将两个表达式连接起来的式子称为关系表达式。

关系表达式的一般形式为

表达式 关系运算符　表达式

例如：

c>a+b

a>b==c

"a"+1<c

−i−5*j==k+1

都是合法的关系表达式。

关系表达式的值是一个逻辑值，即"真"或"假"。在 C 的逻辑运算中，以"1"表示"真"，以"0"表示"假"。例如：

5>0

普通高等教育『十三五』规划教材

的值为"真"，即为1。

对于(a=1)>(b=5)，由于1>5不成立，故其值为"假"，即为0。

【例4.2.1】程序如下：

```
#include<stdio. h>
void main( )
{
    int a=3, b=4, c=5;
    printf("%d \ n", a+b>c);
    printf("%d \ n", b==c);
}
```

运行结果为：

1

0

在例4.2.1中求出了各种关系表达式的值。第1个表达式a+b>c根据优先性，先计算a+b的和7是大于c的，故表达式的值为1；第二个表达式b==c，因为b和c的值不同，所以表达式的值为0。

4.2.2 逻辑运算符和表达式

1. 逻辑运算符及其优先次序

C语言中提供如下3种逻辑运算符：

①&&   与运算

②‖   或运算

③!   非运算

关于逻辑运算符的几点说明：

(1)与运算符&&和或运算符‖均为双目运算符，具有左结合性。非运算符!为单目运算符，具有右结合性。

(2)逻辑运算符和其他运算符优先级的关系可表示如下：

!(非)→&&(与)→‖(或)

"&&"和"‖"低于关系运算符，"!"高于算术运算符。

如图4.2.2所示。

按照运算符的优先顺序可以得出：

a>b && x>y   等价于   (a>b)&&(x>y)

(a==b)‖(x==y)   等价于   a==b‖x==y

(!a)‖(x<y)   等价于   !a‖x<y

2. 逻辑运算的值

如前所述，逻辑运算的值有"真"和"假"两种，"真"用"1"表示，"假"用"0"表示。其求值规则如下：

(1)与运算&&。

参与运算的两个表达式都为真时，结果才为真，否则为假。例如：

若a=4，b=5，那么表达式a>0 && b>2，由于a>0为真，b>2也为真，则相与的结果

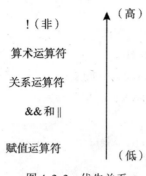

图 4.2.2 优先关系

为真。

（2）或运算｜｜。

参与运算的两个表达式只要有一个为真，结果就为真。两个表达式都为假时，结果为假。例如：

若 a=4，b=5，那么表达式 a>0｜｜b>8，由于 a>0 为真，相或的结果也就为真。

（3）非运算！。

参与运算的表达式为真时，结果为假；参与运算的表达式为假时，结果为真。例如：

若 a=4，b=5，那么表达式！（a>b），由于 a>b 为假，非运算的结果为真。

（4）虽然 C 编译程序在表示逻辑运算结果时，以"1"代表"真"，以"0"代表"假"。但反过来在判断一个表达式是为"真"还是为"假"时，以"0"代表"假"，以"非0"代表"真"。例如：

由于 5 和 3 均为"非0"因此 5&&3 的值为"真"，即为1。又如：

5｜｜0

的值为"真"，即为1。

3. 逻辑表达式

逻辑表达式的一般形式为

表达式 逻辑运算符 表达式

其中的表达式可以是逻辑表达式，因而允许嵌套。例如：

（a&&b）&&c

根据逻辑运算符的左结合性，可写为

a&&b&&c

在逻辑表达式的求解中，并不是所有的逻辑运算符都被执行，只有在必须执行下一个逻辑运算符才能求出表达式的解时，才执行该运算符。例如：

（1）若 a=0，b=1，表达式 a&&b++，因为 a 的值为假（0），已经能判断表达式的值为假，所以 b++ 不会被执行，b 的值没有发生改变，还是1；

（2）a｜｜b｜｜c，只要 a 为真（非0），就不必判断 b 和 c。只有 a 为假，才判断 b。只有 a 和 b 都为假才判别 c。

【例 4.2.2】程序如下：

#include" stdio. h"

普通高等教育『十三五』规划教材

```
void main( )
{
    int a=3, b=4, c=5;
    printf("%d\n", a+b>c&&b==c);
    printf("%d\n", a||b+c&&b-c);
    printf("%d\n",!(a>b)&&!c);
}
```

运行结果为:

0

1

0

例4.2.2中,对于表达式a+b>c&&b==c,a+b>c的逻辑值为1,b==c的逻辑值为0,故表达式的值为1和0相与,最后为0。对于表达式a||b+c&&b-c,a||b+c的逻辑值为1,b-c的值是一个非0值,逻辑值也为1,故表达式的值为1和1相与,最后为1。对于表达式!(a>b)&&!c,先判断!(a>b),因为a>b的值为假,故!(a>b)就为真,再判断!c,因为c的值为真,故!c的值为假,从而最后表达式的值为假。

4.2.3 条件举例

前面介绍过的关系运算符和逻辑运算符经常用来表示一定的条件,为了帮助大家更好地理解条件的表示,接下来我们通过一些实例来加深对这两类运算符的理解。

例1 如a=7、b=8、c=9、a1=-7,求下列表达式的值。

(1)a>b&&b>c

(2)a+a1||b+a1

(3)a>b||c>b

(4)!a&&!b

(5)!a||b

答案解析:(1)针对第一个表达式"a>b&&b>c",因为关系运算符">"优先权高于逻辑运算符"&&",故先计算表达式"a>b",结果为0,对于逻辑与&&运算,如果第一个表达式的运算结果为0,不再运算第二个表达式,最后的结果为0;(2)第二个表达式"a+a1||b+a1"里涉及到的运算符有算术运算符"+"和逻辑或"||"运算符,根据运算符的优先级,先计算算术运算符,表达式"a+a1"的运算结果为0,表达式"b+a1"的运算结果为1,故最后的运算结果为1;(3)第三个表达式"a>b||c>b"里,关系运算符">"优先级高于逻辑或"||",表达式"a>b"的结果为0,"c>b"的结果为1,最后的运算结果是1;(4)表达式"!a&&!b"涉及到逻辑非和逻辑或这两个运算符,因为逻辑非的优先级大于逻辑或,先计算"!a"和"!b",表达式"!a"的运算结果为0,表达式"!b"不再参加运算,最后的结果为0;(5)表达式的"!a||b"的运算结果是1,具体过程不再赘述。

例2 假设n1、n2、n3、n4、x、y的值分别为1、2、3、4、5、6,求表达式"(x=n1>n2)&&(y=n3>n4)"的值,求运算后的x和y的值。

答案解析:表达式"(x=n1>n2)&&(y=n3>n4)",根据运算符的优先级,我们首先计算参与逻辑与"&&"运算的第一个表达式"x=n1>n2",因为n1=1,n2=2,故x=0,对于逻辑与运算，如果第一个表达式的运算结果为 0，第二个表达式不再参加运算（或者说不再被执行），故表达式"(x=n1>n2)&&(y=n3>n4)"的值为 0，运算后 x=0，y 的值没有发生变化，还是 6，即 y=6。

例 3 尝试写出下列条件的表达式：

（1）判断年份 year 是否为闰年；

（2）判断 ch 是否为大写字母；

（3）判断 a 是否能被 b 整除。

答案解析：（1）闰年的条件是能被 4 整除，但是不能被 100 整除或者是能被 400 整除的年份是闰年。如果表达式"(year%4==0&&year%100!=0)||(year%400==0)"的值为真，那么 year 就是闰年。（2）如果表达式"ch>='A'&&ch<='Z'"为真，那么 ch 就是大写字母（想想还有没有其他的表示方法）。（3）在 C 语言中，表示能否被整除，用求余符号"%"来实现，如果没有余数，就是能整除。如果表达式"b%a==0"的结果为真，那么 a 就能被 b 整除。

在以后 C 语言的学习中，正确的书写条件非常重要，通过本小节的几个例题，总结如下：

（1）大家要熟练掌握每一种运算符的含义和运算规则。

（2）熟记运算符的优先级。

（3）一定要牢记，关系表达式和逻辑表达式的运算结果就两个，要么是真，要么是假，即非 1 即 0。

4.3 if 语句

用 if 语句可以构成分支结构。它根据给定的条件进行判断，以决定执行某个分支程序段。

1. if 语句的三种形式

C 语言的 if 语句有三种基本形式，即 if 语句、if-else 语句和 if-else-if 语句。

（1）if 语句

if 语句的结构形式如下：

if(表达式)语句

以上语句的含义：如果表达式的值为真，则执行其后的语句，否则不执行该语句。其逻辑运算过程如图 4.3.1 所示。

【例 4.3.1】给出两个整数，输出其中较小的数。

```c
#include<stdio.h>
void main( )
{
    int a, b, min;
    printf(" \ n input two numbers：    ");
    scanf("%d%d", &a, &b);
    min=a;
    if (min>b)
```

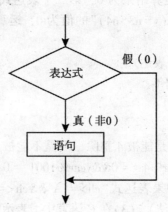

图 4.3.1   if 语句的执行流程

```
        min=b;
        printf("min=%d", min);
}
```

例 4.3.1 程序中，输入两个数 a，b。把 a 先赋予变量 min，再用 if 语句判别 min 和 b 的大小，如 min 大于 b，则把 b 赋予 min。因此 min 中总是存放的是 a 和 b 中的较小数，最后输出 min 的值。

（2）if-else

if-else 语句的结构形式如下：

if(表达式)
        语句 1；
else
        语句 2；

以上语句的含义：如果表达式的值为真，则执行语句 1，否则执行语句 2。其执行过程如图 4.3.2 所示。

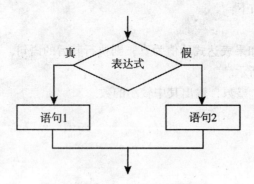

图 4.3.2   if-else 语句的执行流程

【例 4.3.2】程序如下：

#include<stdio. h>

```
void main( )
{
    int a, b, min;
    printf("input two numbers:        ");
    scanf("%d%d", &a, &b);
    if(a<b)
        printf("min=%d \ n", a);
    else
        printf("min=%d \ n", b);
}
```

改用 if-else 语句判别 a, b 的大小。若 a 小, 则输出 a, 否则输出 b。可以看出此时程序的结构清晰, 可读性也比 if 语句要好。

(3) if-else-if

前两种形式的 if 语句一般都用于具有两个分支的情况。当具有多个分支的情况时, 可采用 if-else-if 语句。if-else-if 语句的结构形式如下:

```
if(表达式 1)
        语句 1
  else  if(表达式 2)
        语句 2
  else  if(表达式 3)
        语句 3
            ⋮
  else  if(表达式 m)
        语句 m
  else
        语句 n;
```

以上语句的含义是: 依次判断表达式的值, 当出现某个值为真时, 则执行其对应的语句, 然后跳到整个 if 语句之外继续执行程序; 如果所有的表达式均为假, 则执行语句 n, 然后继续执行后续程序。if-else-if 语句的执行过程如图 4.3.3 所示。

【例 4.3.3】程序如下:

```
#include"stdio. h"
void main( )
{
    char c;
    printf("input a character:        ");
    c=getchar( );
    if(c<32)
        printf("这是一个控制字符 \ n");
    else if(c>='0'&&c<='9')
        printf("这是一个数字 \ n");
```

普通高等教育『十三五』规划教材

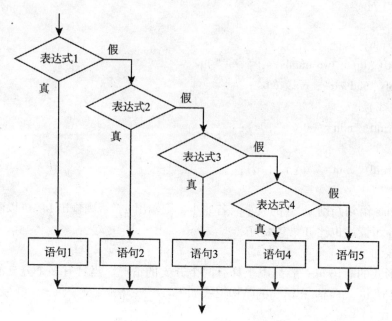

图4.3.3 if-else-if语句的执行流程

```
    else if(c>='A'&&c<='Z')
        printf("这是一个大写字母\n");
    else if(c>='a'&&c<='z')
        printf("这是一个小写字母\n");
    else
        printf("其他字符\n");
}
```

例4.3.3 要求判别从键盘输入字符的类型。可以根据输入字符的 ASCII 码来判别类型。由 ASCII 码表可知，ASCII 值小于 32 的为控制字符；在"0"和"9"之间的为数字，在"A"和"Z"之间的为大写字母，在"a"和"z"之间的为小写字母，其余则为其他字符。这是一个多分支选择的问题，特别适合于使用 if-else-if 语句来编写。判断输入字符 ASCII 码所在的范围，分别给出不同的输出。例如输入为"g"，输出显示它为小写字符。

（4）使用 if 语句时应注意的问题

①在三种形式的 if 语句中，在 if 关键字之后均为表达式。该表达式通常是逻辑表达式或关系表达式，但也可以是其他表达式，如赋值表达式等，甚至也可以是一个变量。例如有以下 if 语句：

```
if(3) printf("OK");
```

是合法的，执行结果输出"OK"，因为表达式的值为 3，按"真"处理。

又如有如下程序段：

```
if(a=b)
    printf("%d", a);
else
```

```
        printf("a=0");
```

以上语句的含义是：把 b 值赋予 a，如为非 0 则输出该值，否则输出"a=0"字符串。这种用法在程序中是经常出现的。

②第二、三种形式的 if 语句中，在每个 else 前面有一个分号，整个语句结束处有一个分号。例如：

```
if(a>0)
        printf("%d", a);
else
        printf("%d", -a);
```

注意：不要误认为上面是两个语句(if 语句和 else 语句)。它们都属于同一个 if 语句。else 子句不能作为语句单独使用，它必须是 if 语句的一部分，与 if 配对使用。

③在 if 语句的三种形式中，所有的语句应为单个语句，如果要想在满足条件时执行一组(多个)语句，则必须把这一组语句用括号｛｝括起来组成一个复合语句。但要注意的是在右括号｝之后不能再加分号。例如：

```
if(a>b)
{
        max=a;
        min=b;
}
else
{
        max=b;
        min=a;
}
```

【例 4.3.4】输入三个整数 a、b、c，要求按由大到小的顺序输出。

```
#include"stdio.h"
void main()
{
        int a, b, c, t;
        scanf("%d,%d,%d", &a, &b, &c);
        if(a<b)
        {
                t=a;
                a=b;
                b=t;
        }
        if(a<c)
        {
                t=a;
                a=c;
```

```
        c=t;
      }
    if(b<c)
      {
        t=b;
        b=c;
        c=t;
      }
    printf("%d,%d,%d\n", a, b, c);
}
```

运行结果为：

输入：20，12，50

输出：50，20，12

2. if 语句的嵌套

在 if 语句中，又包含一个或多个 if 语句称为 if 语句的嵌套。一般形式如下：

if(表达式)

    if 语句；

或者为

if(表达式)

    if 语句；

else

    if 语句；

if 语句可以进行多层嵌套，这将会出现多个 if 和多个 else 重叠的情形，因此要特别注意 if 和 else 的配对问题。C 语言规定，else 总是与它前面最近的 if 配对。

【例 4.3.5】 比较两个数的大小关系。

```
#include<stdio.h>
void main()
{
    int a, b;
    printf("please input A, B:        ");
    scanf("%d%d", &a, &b);
    if(a!=b)
        if(a>b)
            printf("A>B\n");
        else
            printf("A<B\n");
    else
        printf("A=B\n");
}
```

例 4.3.5 中用了 if 语句的嵌套结构。采用嵌套结构实质上是为了进行多分支选择。实际

普通高等教育「十三五」规划教材

上，例4.3.5所完成的多分支选择用 if-else-if 语句编写可使程序更加清晰。因此，在一般情况下应尽量少用 if 语句嵌套结构，以使程序便于阅读理解。

【例4.3.6】不用 if 语句嵌套，比较两个数的大小关系。程序如下：

```
#include<stdio. h>
void main( )
{
    int a, b;
    printf("please input A, B:        ");
    scanf("%d%d", &a, &b);
    if(a= =b)
        printf("A=B \ n");
    else if(a>b)
        printf("A>B \ n");
    else
        printf("A<B \ n");
}
```

3. 条件运算符和条件表达式

如果在条件语句中只执行单个赋值语句，可使用条件表达式来实现。利用条件表达式不但能使程序简洁，而且还可提高运行效率。条件表达式要用到条件运算符。

条件运算符为"?"和":"，这是一个三目运算符，它是 C 语言中唯一的一个三目运算符，即有三个参与运算的表达式。由条件运算符组成条件表达式的一般形式为

表达式1? 表达式2: 表达式3

上述式子的求值规则为：如果表达式 1 的值为真，则以表达式 2 的值作为条件表达式的值，否则以表达式 3 的值作为整个条件表达式的值。

条件表达式通常用于赋值语句之中。例如，以下语句：

```
if(a>b)
    max=a;
else
    max=b;
```

用条件表达式可写为

max=(a>b)? a: b;

该语句的逻辑关系：如 a>b 为真，则把 a 赋予 max，否则把 b 赋予 max。

使用条件表达式时，还应注意以下几点：

(1)条件运算符的运算优先级低于关系运算符和算术运算符，但高于赋值符。因此

max=(a>b)? a: b

可以去掉括号而写为

max=a>b? a: b

(2)条件运算符"?"和":"是一对运算符，不能分开单独使用。

(3)条件运算符的结合方向是自右至左。例如：

a>b? a: c>d? c: d

普通高等教育『十三五』规划教材

应理解为

　　a>b? a：(c>d? c：d)

这也就是条件表达式嵌套的情形，即其中的表达式"c>d? c：d"又是一个条件表达式。

【例4.3.7】输入一个字符，判别它是否是小写字母，如果是，将它转换成大写字母；如果不是，不转换。然后输出最后得到的字符。

```c
#include<stdio. h>
void main()
{
    char c;
    scanf("%c", &c);
    c=(c>='a'&&c<='z')? (c-32)：c;
    printf("%c \ n", c);
}
```

运行结果：

输入 f

输出 F

4.4　用 switch 语句实现多分支选择结构

　　if 语句只有两个分支可供选择，而实际问题中常常需要用到多分支的选择。例如，学生成绩分类（90 分以上优秀，80~90 成绩良好，70~80 成绩中等……），像这种情况可以用嵌套的 if 语句来处理，但如果分支过多，那么嵌套的 if 语句的层次就会过多，导致程序的可读性降低。C 语言还提供了另一种用于多分支选择的 switch 语句，其一般形式为

```c
switch(表达式)
{
    case 常量表达式1：　语句1
    case 常量表达式2：　语句2
    ⋮
    case 常量表达式n：　语句n
    default：　语句n+1
}
```

　　以上语句的逻辑关系是：计算表达式的值，并逐个与其后的常量表达式的值相比较，当表达式的值与某个常量表达式的值相等时，即执行其后的语句，然后不再进行判断，继续执行后面所有 case 后的语句；如表达式的值与所有 case 后的常量表达式的值均不相同时，则执行 default 后的语句。

　　【例4.4.1】输入成绩等级′A′、′B′、′C′、′D′、′E′，要求输出对应的分数段。成绩 90 分以上为′A′，80~89 分为′B′，70~79 分为′C′，60~69 分为′D′，60 分以下为′E′。

```c
#include<stdio. h>
void main()
{
```

```
        char grade;
        grade = getchar( );
        switch( grade )
            {
                case 'A': printf( "90 ~ 100 \ n" );
                case 'B': printf( "80 ~ 89 \ n" );
                case 'C': printf( "70 ~ 79 \ n" );
                case 'D': printf( "60 ~ 69 \ n" );
                case 'E': printf( "0 ~ 59 \ n" );
                default: printf( "error \ n" );
            }
}
```

运行结果如下：

输入：D

输出：60 ~ 69

0 ~ 59

error

本程序是要求输入一个字符，输出相应的成绩分数段。但是当输入 D 之后，却执行了 case 'D'以及以后的所有语句，这当然是不希望的。为什么会出现这种情况呢？这恰恰反映了 switch 语句的一个特点，在 switch 语句中，"case 常量表达式"只相当于一个语句标号，表达式的值和某标号相等时则转向该标号执行，但不能在执行完该标号的语句后自动跳出整个 switch 语句，所以出现了继续执行所有 case 后面语句的情况。这是与前面介绍的 if 语句完全不同的，应特别注意。为了避免上述情况的发生，C 语言还提供了一种 break 语句，专用于跳出 switch 语句。break 语句只有关键字 break，没有参数。这在后面还将详细介绍。修改上述例题的程序，在每一 case 语句之后增加 break 语句，使每一次执行后均可跳出 switch 语句，从而避免输出不应有的结果。

【例 4.4.2】程序改写如下：

```
#include<stdio. h>
void main( )
{
        char grade;
        grade = getchar( );
        switch( grade )
            {
                case 'A': printf( "90 ~ 100 \ n" ); break;
                case 'B': printf( "80 ~ 89 \ n" ); break;
                case 'C': printf( "70 ~ 79 \ n" ); break;
                case 'D': printf( "60 ~ 69 \ n" ); break;
                case 'E': printf( "0 ~ 59 \ n" ); break;
                default: printf( "error \ n" );
```

普通高等教育『十三五』规划教材

在使用 switch 语句时还应注意以下几点：

（1）switch 后面括号内表达式，其值可以是整型，字符型、枚举型数据。

（2）case 与其后的常量表达式必须用空格分隔，常量表达式与其后的第一个语句之间用冒号":"分隔。

（3）在 case 后的常量表达式的值不能相同，否则会出现错误。

（4）在 case 后，允许有多个语句，可以不用括号{ }括起来。

（5）case 和 default 子句的先后顺序可以变动，而不会影响程序执行的结果。

（6）如果表达式的值与所有的常量表达式都不匹配时，就执行 default 后面的语句，当然如果 default 子句省略不用，就跳出 switch 语句，执行 switch 语句后面的语句。

（7）多个 case 可以共用一组执行语句，例如：

case 'A':

case 'B':

case 'C':

case 'D': printf(">=60 \ n"); break;

grade 的值为'A'、'B'、'C'或'D'时都执行同一组语句。

4.5 实训 2

利用 switch 结构，构造一个系统主菜单模型。根据用户选择，输出相应提示信息。参考代码如下：

```
//显示主菜单
void menu()
{
system("cls");
printf(" \ n");
printf(" \ t\ t\ t****************************** \ n");
printf(" \ t\ t\ t*                              * \ n");
printf(" \ t\ t\ t*      图书信息管理系统         * \ n");
printf(" \ t\ t\ t*                              * \ n");
printf(" \ t\ t\ t*    [0]   退出                 * \ n");
printf(" \ t\ t\ t*    [1]   查看所有图书信息      * \ n");
printf(" \ t\ t\ t*    [2]   输入图书记录          * \ n");
printf(" \ t\ t\ t*    [3]   删除图书记录          * \ n");
printf(" \ t\ t\ t*    [4]   编辑图书记录          * \ n");
printf(" \ t\ t\ t*    [5]   查询(书名)            * \ n");
printf(" \ t\ t\ t*    [6]   查询(作者名)          * \ n");
printf(" \ t\ t\ t*    [7]   排序(登录号)          * \ n");
printf(" \ t\ t\ t*                              * \ n");
```

```
    printf(" \ t \ t \ t ****************************** \ n");
}
void main( )
{
    int    fun;
    menu( ); //调用显示主菜单函数
    printf("请输入功能号[0-7]:", &fun);
    scanf("%d", &fun);
    switch(fun)
        {
            case 0:
                printf(" \ n 您选择退出本系统 \ n");
                break;
            case 1:
                printf(" \ n 您选择查看所有图书信息 \ n");
                break;
            case 2:
                printf(" \ n 您选择输入图书记录 \ n");
                break;
            case 3:
                printf(" \ n 您选择删除图书记录 \ n");
                break;
            case 4:
                printf(" \ n 您选择编辑图书记录 \ n");
                break;
            case 5:
                printf(" \ n 您选择按书名查询图书详细信息 \ n");
                break;
            case 6:
                printf(" \ n 您选择按作者名查询图书详细信息 \ n");
                break;
            case 7:
                printf(" \ n 您选择按登录号对图书进行排序 \ n");
                break;
        }
}
```

习　题

1. 从键盘输出一个整数，如果大于零输出"正数"，小于零输出"负数"，否则输出

"零"。

2. 输入三个整数,输出最大数和最小数。

3. 设计一个计算器程序。用户输入两个运算数和四则运算符(+、-、*、/),输出计算结果。

4. 给出一百分制成绩,要求输出成绩等级'A'、'B'、'C'、'D'、'E'。90 分以上的为'A',80~89 分为'B',70~79 分为'C',60~69 分为'D',60 分以下为'E'。

5. 编写程序,通过键盘输入一个年份,判断输入的这个年份是否是闰年。

6. 从键盘输入一个字符,如果是大写字母,就转换成小写;如果是小写字母,就转换成大写,如果是其他字符就原样保持并输出结果。

7. 有一个函数:

$$y = \begin{cases} x & x < 1 \\ 2x-1 & 1 \leqslant x < 10 \\ 3x-11 & x \geqslant 10 \end{cases}$$

写一段程序,输入 x,输出 y 值。

8. 给一个不多于 5 位的正整数,要求:

(1)求出它是几位数;

(2)分别输出每一位数字;

(3)按逆序输出各位数字,例如原数是 123,应输出 321。

9. 求 $ax^2+bx+c=0$ 的方程的解,要求 a、b 和 c 从键盘输入。

第 5 章　循环结构程序设计

5.1　循环结构及其算法

前面介绍了程序中常用的顺序结构和选择结构，但是只有这两种结构是不够的，还需要用到循环结构。因为在日常生活中或是在程序所处理的问题中常常会遇到需要重复处理的问题。例如要输入 200 个学生的成绩、求 100 个整数之和等。

【例 5.1.1】输出如下图案：

```
**********
**********
**********
**********
**********
**********
**********
**********
```

方法一：

```
#include<stdio. h>
void main( ) {
    printf(" ********** \ n" );
    printf(" ********** \ n" );
    printf(" ********** \ n" );
    printf(" ********** \ n" );
    printf(" ********** \ n" );
    printf(" ********** \ n" );
    printf(" ********** \ n" );
    printf(" ********** \ n" );
    }
```

程序分析：要输出上面图案，需要计算机一行一行地输出，有 8 行，可以分 8 步实现，因此可以写成方法一形式的顺序结构程序。从方法一我们可以看到程序中只有一种语句就是 printf 语句，而且完全一样，书写了 8 次实际上可以理解为一条语句反复执行 8 次。我们可以将方法一程序改成下面方法二形式，通过 for 句控制 printf 语句执行 8 次。

普通高等教育『十三五』规划教材

方法二：

```
#include<stdio. h>
void main( )
{
    int i;
    for( i=0；i<8；i++)
    printf( " ********** \ n" );
}
```

现实中有很多工作如例 5.1.1 一样存在反复做同样的操作的情况，在程序设计中我们称之为循环。所谓循环是指程序反复地执行某一程序段即重复执行相同或相似的动作。循环结构是结构化程序设计中非常重要的一种结构。

【例 5.1.2】编写程序计算 1+2+3+4+⋯+100 之和，即 $\sum_{n=1}^{100} n$。

程序分析：求 1~100 的和并不是 100 个数进行一次计算完成的，而是每两个数进行一次相加，通过 99 次相加实现了 1~100 的和的计算，这里存在反复的操作：两个数相加操作。因此，1+2+3+4+⋯+100 可以改写为：(⋯((1+2)+3)+⋯+100)，其实际计算过程为：

s1=1+2
s2=s1+3
s3=s2+4
…
s99=s98+100

仔细观察我们可以发现：加数总是上一步的加数+1 的数，被加数总是上一次加法运算的和。利用变量的特点，可以实现：

s0：s=0   i=1
s1：s=s+i   i=i+1
s2：s=s+i   i=i+1
s3：s=s+i   i=i+1
……
s100：s=s+i   i=i+1

我们可以发现反复执行一组操作"s=s+i   i=i+1"，同样的式子执行了 100 次，这个问题可以按照图 5.1.1 的流程，利用循环结构实现，其结构非常简洁。

循环结构是程序中一种很重要的结构，其特点是，在给定条件成立时反复执行某程序段，直到条件不成立为止。给定的条件称为循环条件，反复执行的程序段称为循环体。C 语言提供了多种循环语句，while 语句、do-while 语句和 for 语句。这些语句可以组成各种不同形式的循环结构。

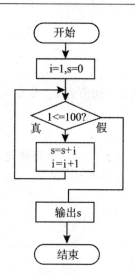

图 5.1.1 从 1 到 100 的和的流程图

5.2 用 while 语句实现循环结构

while 语句的一般形式为

    while(表达式)语句

其中表达式是循环条件,语句为循环体。

while 语句的逻辑关系是:计算表达式的值,当值为真(非 0)时,执行循环体语句。while 语句的执行过程可用流程图表示,如图 5.2.1 所示。

【例 5.2.1】用 while 语句求 $\sum\limits_{n=1}^{100} n$。

用传统流程图和 N-S 结构流程图表示算法,如图 5.2.2 和图 5.2.3 所示。

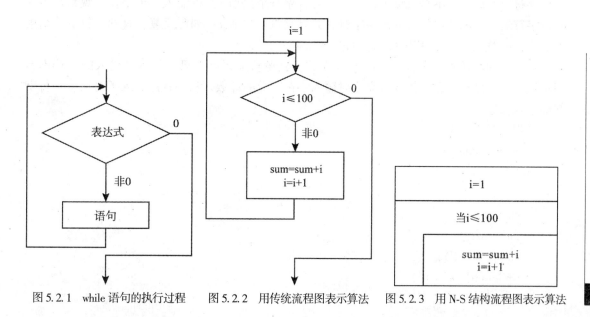

图 5.2.1 while 语句的执行过程　　图 5.2.2 用传统流程图表示算法　　图 5.2.3 用 N-S 结构流程图表示算法

```
main( )
{
    int i=1，sum=0；/＊定义变量i初值为1，变量sum赋初值为0＊/
    while(i<＝100)
    {
        sum=sum+i；/＊while循环语句的循环体是一条复合语句＊/
        i++；         /＊i为循环变量＊/
    }
    printf("%d \ n"，sum)；
}
```

注意：

(1)循环结构中的循环体往往要执行几个操作即几条语句，但C语言中循环结构的循环体都要求是一条语句，包括while语句和后面将学到的do-while语句、for语句。因此在使用中需要将反复执行的几个操作组合成一条复合语句即用"｛｝"括起来。

(2)不要忽略给i和sum赋初值(这是未进行累加前的初始情况)，否则它们的值是不可预测的，结果显示不正确，可以上机试一下。

(3)在循环体中应该有使循环趋于结束的语句，否则就会陷入死循环。例如在本例中循环结束的条件是"i<＝100"，在循环体中有使i增加以最终导致i>100的语句，如"i++；"语句来达到此目的。如果无此语句，则i的值始终不改变，将陷入死循环。

【例5.2.2】统计从键盘输入一行字符(以换行结束)，显示所输入的字符，并统计字符的个数。

程序分析：该问题要输入"一行字符"，而一行字符由多个字符组成即字符串，在C语言中没有存储字符串的变量，无法对字符串整体进行操作，需要转换成对每一个字符进行操作，因此，该问题可以转换成反复对一组字符进行处理的事务：输入一个字符，观察是否为一行字符结束标示，不是就输出该字符，并且字符个数加1；再输入一个字符，观察是否为一行字符结束标示，不是就输出该字符，并且字符个数加1；如此反复，直到一行字符结束即是换行字符('\ n')，其执行流程如图5.2.4所示。

程序中的循环条件为getchar( )！＝'\ n'，其逻辑关系是，只要从键盘输入的字符不是回车符就继续循环。循环体n++完成对输入字符个数的计数。从而程序实现了对输入一行字符的个数计数。

其程序对应如下：

```
#include <stdio. h>
void main( )
{
    char ch；
    int n=0；
    ch=getchar( )；
    while(ch！＝'\ n')
    {putchar(ch)；
```

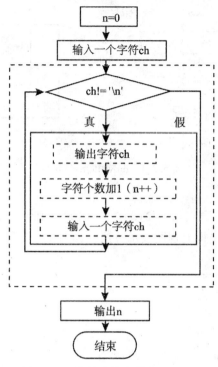

图 5.2.4 统计字符个数流程图

```
n++;
ch = getchar( );
}
printf( "%d", n);
}
```

使用 while 语句应注意以下两点：

（1）while 语句中的表达式一般是关系表达式或逻辑表达式，只要表达式的值为真（非 0）即可继续循环。

（2）循环体如包括有一个以上的语句，则必须用括号{{}}括起来，组成复合语句。

5.3 用 do-while 语句实现循环结构

do-while 语句的一般形式为

    do

        语句

    while（表达式）；

这个循环与 while 循环的不同在于：它先执行循环中的语句，然后再判断表达式是否为真，如果为真则继续循环；如果为假，则终止循环。因此，do-while 循环至少要执行一次循环语句。其执行过程如图 5.3.1 所示。

普通高等教育『十三五』规划教材

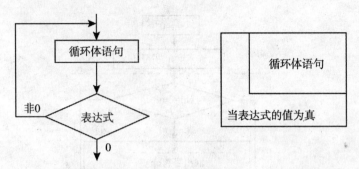

图 5.3.1 do-while 语句执行过程

【例 5.3.1】用 do-while 语句求 1+2+3+4+⋯+100 之和。

用传统流程图和 N-S 结构流程图表示算法，如图 5.3.2 和图 5.3.3 所示。

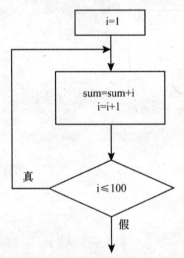

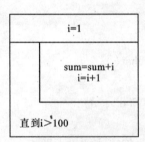

图 5.3.2 传统流程图表示的算法   图 5.3.3 N-S 结构流程图表示的算法

```
main( )
{
    int i, sum=0;
    i=1;
    do
        {
            sum=sum+i;
            i++;
        }
    while(i<=100)
    printf("%d\n", sum);
}
```

普通高等教育『十三五』规划教材

同样当有许多语句参加循环时，要用括号｛｝把它们括起来。

在一般情况下，do-while 循环语句总是先执行一次循环体，然后判断表达式，因此，无论表达式是否为"真"，循环体至少执行一次。而 while 循环语句总是先判断循环条件再执行循环体，循环体可能一次也不执行，当第一次循环条件为"真"时，do-while 循环语句和 while 循环语句执行结果相同；如果第一次循环条件为"假"，则两者结果不同。

【例 5.3.2】while 和 do-while 循环比较。

```
(1) main( )
{   int sum=0, i;
      printf("please enter i, i=?");
   scanf("%d", &i);
   while(i<=10)
   {sum=sum+i;
        i++;
   }
   printf("sum=%d", sum);
}
```

运行结果（两次）：

please enter i, i=? 1

sum=55

再运行一次：

please enter i, i=? 11

sum=0

```
(2) main( )
{   int sum=0, i;
      printf("please enter i, i=?");
   scanf("%d", &i);
   do
      {sum=sum+i;
        i++;
      }
   while(i<=10);   /*这里注意分号";"不能省略*/
   printf("sum=%d", sum);
}
```

运行结果（两次）：

please enter i, i=? 1

sum=55

再运行一次：

please enter i, i=? 11

sum=11

可以看到，当输入 i 的值小于或等于 10 时，二者得到的结果相同。而当 i>10 时，二者

普通高等教育『十三五』规划教材

5.4 用 for 语句实现循环

在 C 语言中，除了可以用 while 语句和 do…while 语句实现循环外，还提供 for 语句实现循环，而 for 语句更为灵活，不仅可以用于循环次数已经确定的情况，还可以用于循环次数不确定而只给出循环结束条件的情况，它完全可以取代 while 语句。它的一般形式为

for(表达式1；表达式2；表达式3)语句

for 语句的执行过程如下：

(1)先求解表达式1。

(2)求解表达式2，若其值为真(非0)，则执行 for 语句中指定的内嵌语句，然后执行下面的第(3)步；若其值为假(0)，则结束循环，转到第(5)步。

(3)求解表达式3。

(4)转回上面第(2)步继续执行。

(5)循环结束，执行 for 语句之后的语句。

其执行过程如图 5.4.1 所示。

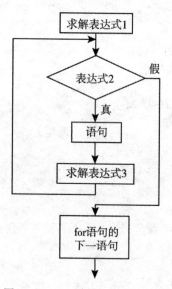

图 5.4.1　for 循环的执行流程图

for 语句最简单的应用形式也是最容易理解的形式：

for(循环变量赋初值；循环条件；循环变量增量)语句

循环变量赋初值总是一个赋值语句，它用来给循环控制变量赋初值；循环条件是一个关系表达式，它决定什么时候退出循环；循环变量增量定义循环控制变量每循环一次后按什么

方式变化。这三个部分之间用";"分开。

例如：

for(i＝1；i<＝100；i++)

sum＝sum+i；

先给 i 赋初值 1，判断 i 是否小于等于 100，若是则执行语句，之后 i 的值增加 1。再重新判断，直到条件为假，即 i>100 时，结束循环。

以上语句相当于

i＝1；

while(i<＝100)

｛　sum＝sum+i；

　　i++；

｝

对于 for 循环中语句的一般形式，就是如下的 while 循环形式：

表达式 1；

while(表达式 2)

｛　语句

　　表达式 3；

｝

关于 for 语句需要注意如下几点：

(1)for 循环中的"表达式 1(循环变量赋初值)"、"表达式 2(循环条件)"和"表达式 3(循环变量增量)"都是可选项，即可以缺省，但";"不能缺省。

省略了"表达式 1(循环变量赋初值)"，表示不对循环控制变量赋初值。

省略了"表达式 2(循环条件)"，就是不做条件判断，是死循环。例如：

for(i＝1；；i++)

sum＝sum+i；

相当于

i＝1；

while(1)

｛sum＝sum+i；

　i++；｝

省略了"表达式 3(循环变量增量)"，则不对循环控制变量进行操作，这时可在语句体中加入修改循环控制变量的语句。例如：

for(i＝1；i<＝100；)

｛sum＝sum+i；

　i++；｝

省略了"表达式 1(循环变量赋初值)"和"表达式 3(循环变量增量)"。例如：

for(；i<＝100；)

｛sum＝sum+i；

　i++；｝

相当于

```
while(i<=100)
    {sum=sum+i;
     i++;}
```

三个表达式都可以省略。例如：

for(;;)语句

相当于

while(1)语句

(2)表达式 1 和表达式 3 可以是一个简单表达式也可以是逗号表达式。

注：逗号表达式就是由逗号运算符","将多个简单表达式连接而成的式子。例如："sum=0, i=1"。

逗号表达式的运算顺序是从左到右，依次完成各简单表达式的运算。并将最后一个简单表达式的值作为整个逗号表达式的运算结果。

一般来说，这个运算结果没有什么实际意义。逗号表达式的主要作用是出现在 for 循环的表达式 1 处，用一个表达式，完成对多个变量的赋值。或者用于 for 循环的表达式 3 处，用一个表达式，完成对多个变量的自增自减运算。例如：

for(sum=0, i=1; i<=100; i++)sum=sum+i;

或　for(i=0, j=100; i<=100; i++, j--)k=i+j;

(3)表达式 2 一般是关系表达式或逻辑表达式，但也可以是数值表达式或字符表达式，只要其值非零，就执行循环体。例如：

for(i=0; (c=getchar())! ='\n'; i+=c);

又如：

for(; (c=getchar())! ='\n';)

    printf("%c", c);

对三种循环的比较如下：

(1)三种循环都可以用来处理同一个问题，一般可以互相代替。

(2)while 和 do-while 循环，循环体中应包括使循环趋于结束的语句。for 语句功能更强，凡用 while 循环能完成的，用 for 循环都能实现。

(3)用 while 和 do-while 循环时，循环变量初始化的操作应在 while 和 do-while 语句之前完成，而 for 语句可以在表达式 1 中实现循环变量的初始化。

(4)while 循环、do-while 循环和 for 循环，都可以用 break 语句跳出循环，用 continue 语句结束本次循环(break 语句和 continue 语句见 5.6 节)。

5.5　循环的嵌套

与选择结构 if 语句嵌套一样，循环结构也可以进行嵌套。所谓循环嵌套是指在一个循环语句的循环体语句部分又包含有另一个完整的循环语句，内嵌的循环语句还可以是一个嵌套结构，即可以存在多层嵌套。对于嵌套循环语句，一般把嵌套在循环体语句中的循环称为内循环，外面的循环称为外循环。

while 语句和 do-while 语句和 for 语句三种循环都可以相互嵌套，以下几种形式都是合法的形式：

（1）while（ ）
　｛…
　　　while（ ）　　内层循环
　　　｛…｝
　　｝

（2）do
　　　｛…
　　　　do
　　　　｛…｝　｝内层循环
　　　while（ ）；
　　　…
　　　｝

（3）for（ ；；）
　　｛
　　　　for（ ；；）　｝内层循环
　　　　｛…｝
　　｝

（4）while（ ）
　　｛…
　　　　do
　　　　｛…｝　　｝内层循环
　　　　while（ ）；
　　｝

（5）for（ ；；）
　　｛
　　　　…
　　　　while（ ）　　｝内层循环
　　　　｛…｝
　　　　…
　　｝

（6）do
　　　｛…
　　　　　for
　　　　　｛…｝　　｝内层循环
　　　｝while（ ）；

【例 5.5.1】将例 5.1.1 用循环嵌套实现，即输出 8 行每行 10 个"＊"号。

```c
#include<stdio.h>
void main( )
{
int i, j;
```

```
for(i=1; i<=8; i++)          /*外层循环*/
{    for(j=1; j<=10; j++)     /*内层循环*/
     printf(" * ");
     printf(" \ n");
}
}
```

其执行流程如图 5.5.1 所示。

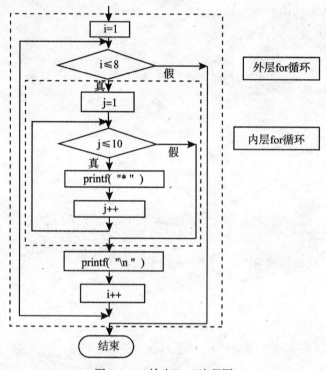

图 5.5.1 输出"*"流程图

【例 5.5.2】计算 $1! +2! +3! +\cdots+n!$。

```
#include<stdio. h>
void main( )
{
     int i, j, n, s1=0, s2;
     scanf("%d", &n);
     i=1;
     while(i<=n)   /*外层循环*/
     {s2=1;
      j=1;
         while(j<=i)/*内层循环*/
         {s2=s2*j;
```

```
        j++;}
    s1 = s1+s2;
    i++;
    }
}
```

5.6 break 语句和 continue 语句

break 语句通常用在循环语句和开关语句中。当 break 用于开关语句 switch 中时，可使程序跳出 switch 而执行 switch 以后的语句；如果没有 break 语句，则有可能形成一个无法退出的死循环。break 在 switch 中的用法已在前面介绍过，其流程图如图 5.6.1 所示。

当 break 语句用于 do-while、for、while 循环语句中时，可使程序终止循环而执行循环后面的语句。通常 break 语句总是与 if 语句搭配使用，表示满足某条件时便跳出循环。

【例 5.6.1】给变量赋初值，直到键盘接收字符回车或 Esc 键，如果按 Esc 键，则结束赋值。

程序如下：

```
main( )
{
    int i = 0;
    char c;
    while(1)                      /* 设置循环 */
    {
        c = '\0';                 /* 变量赋初值 */
        while(c! =13&&c! =27)     /* 键盘接收字符直到按回车或 Esc 键 */
        {
            c = getch( );
            printf("%c\n", c);
        }
        if(c = =27)
            break;                /* 若按 Esc 键则退出循环 */
        i++;
        printf("The No. is %d\n", i);
    }
    printf("The end");
}
```

关于 break 语句需要注意以下两点：

(1)break 语句对 if-else 的条件语句不起作用。

(2)在多层循环中，一个 break 语句只向外跳一层。

有时并不希望终止整个循环的操作，而只是希望提前结束本次循环，而接着执行下次循环，可以用 continue 语句。continue 语句只用在 for、while、do-while 等循环体中，常与 if 语

C语言程序设计教程

句搭配使用。continue 语句的用法如图 5.6.2 所示。

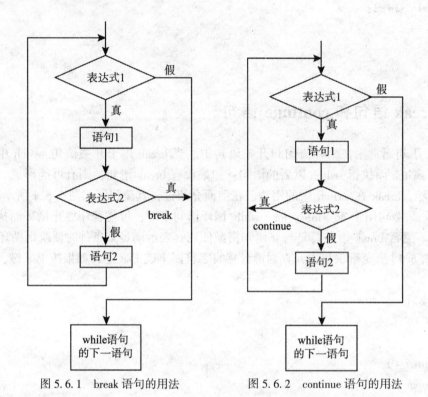

图 5.6.1　break 语句的用法　　　　图 5.6.2　continue 语句的用法

【例 5.6.2】要求输出 100~200 之间的不能被 3 整除的数。

编程思路：显然需要对 100~200 之间的每一个整数进行检查，如果不能被 3 整除，就将此数输出，若能被 3 整除，就不输出此数。无论是否输出此数，都要检查下一个数（直到 200 为止）。

程序如下：

```
#include<stdio. h>
void main( )
{int n;
for( n=100; n<=200; n++)
  {if( n%3==0)
    continue;
  printf( "%d", n);
  }
printf( "\n");
}
```

程序分析：当 n 能被 3 整除时，执行 continue 语句，流程跳转到表示循环体结束的右花括号的前面（注意不是右花括号的后面），从图 5.6.3 可以看到：流程跳过 printf 函数语句，结束本次循环，然后进行循环变量的增值（n++），只要 n<200，就会接着执行下一次循环。如果 n 不能被 3 整除，就不会执行 continue 语句，而执行 printf 函数语句，输出不能被 3 整

普通高等教育『十三五』规划教材

30

除的整数。

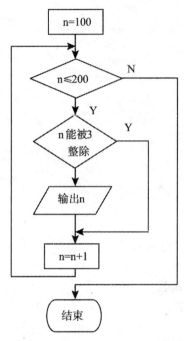

图 5.6.3　100~200 之间的不能被 3 整除的数的流程图

5.7　程序举例

【例 5.7.1】用 $\dfrac{\pi}{4}=1-\dfrac{1}{3}+\dfrac{1}{5}-\dfrac{1}{7}+\cdots$ 公式求 π。

N-S 流程图如图 5.7.1 所示。

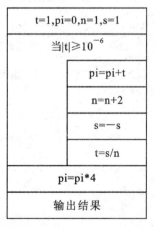

图 5.7.1　算法的 N-S 流程图

普通高等教育『十三五』规划教材

```
#include<math. h>
main( )
{
    int s;
    float n, t, pi;
    t=1, pi=0; n=1.0; s=1;
    while(fabs(t)>1e-6)
    {   pi=pi+t;
        n=n+2;
        s=-s;
        t=s/n;
    }
    pi=pi*4;
    printf("pi=%10.6f \ n", pi);
}
```

【例 5.7.2】判断 m 是否为素数。

N-S 流程图如图 5.7.2 所示。

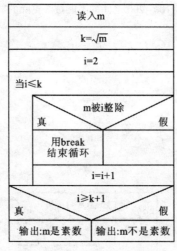

图 5.7.2　算法的 N-S 流程图

```
#include<math. h>
main( )
{
    int m, i, k;
    scanf("%d", &m);
    k=sqrt(m);
    for(i=2; i<=k; i++)
        if(m%i==0)break;
```

```
       if(i>=k+1)
          printf("%d is a prime number \ n", m);
       else
          printf("%d is not a prime number \ n", m);
}
```

【例 5.7.3】求 100 至 200 间的全部素数。

```
#include<math. h>
main( )
{
    int m, i, k, n=0;
    for(m=101; m<=200; m=m+2)
  {
    k=sqrt(m);
    for(i=2; i<=k; i++)
       if(m%i==0)break;
    if(i>=k+1)
          {printf("%d", m);
           n=n+1;}
    if(n%n==0)printf(" \ n");
  }
    printf(" \ n");
}
```

5.8   实训 3

利用 while 结构，对实训 2 中构造的系统主菜单进行改进。使之能够不断地接受用户选择，直到用户输入"0"退出为止。

参考代码如下：

```
// 显示主菜单
void menu( )
{
  system("cls");
  printf(" \ n");
  printf(" \ t\ t\ t ***************************** \ n");
  printf(" \ t\ t\ t *                                      * \ n");
  printf(" \ t\ t\ t *         图书信息管理系统          * \ n");
  printf(" \ t\ t\ t *                                      * \ n");
  printf(" \ t\ t\ t *    [0]   退出                    * \ n");
  printf(" \ t\ t\ t *    [1]   查看所有图书信息        * \ n");
  printf(" \ t\ t\ t *    [2]   输入图书记录            * \ n");
```

普通高等教育『十三五』规划教材

```
    printf("\t\t\t*    [3]   删除图书记录           *\n");
    printf("\t\t\t*    [4]   编辑图书记录           *\n");
    printf("\t\t\t*    [5]   查询(书名)             *\n");
printf("\t\t\t*    [6]   查询(作者名)           *\n");
printf("\t\t\t*    [7]   排序(登录号)           *\n");
    printf("\t\t\t*                                *\n");
    printf("\t\t\t******************************** \n");
}

void main()
{
int fun;
while(1)
{   menu();
    printf("请输入功能号[0-7]:", &fun);
    scanf("%d", &fun);
        switch(fun)
        {
        case 0:
printf("\n 您选择退出本系统 \n");
break;
        case 1:
            printf("\n 您选择查看所有图书信息 \n");
            break;
        case 2:
            printf("\n 您选择输入图书记录 \n");
            break;
        case 3:
            printf("\n 您选择删除图书记录 \n");
            break;
        case 4:
            printf("\n 您选择编辑图书记录 \n");
            break;
        case 5:
            printf("\n 您选择按书名查询图书详细信息 \n");
            break;
        case 6:
            printf("\n 您选择按作者名查询图书详细信息 \n");
            break;
        case 7:
            printf("\n 您选择按登录号对图书进行排序 \n");
```

```
            break;
        }
        if(fun==0) break;
    printf("\n\n\n按回车键返回主菜单...");
    getchar();
        }
}
```

<h1 style="text-align:center">习　　题</h1>

1. 把 100～200 之间的能被 3 整除的数输出。

2. 编写程序使之输出如下图案：

```
        *
       ***
      *****
     *******
      *****
       ***
        *
```

3. 从键盘输入的一组字符中统计出大写字母的个数 m 和小写字母的个数 n，并输出 m、n 的值。

4. 从键盘输入一对数，由小到大排序输出。当输入一对相等数时结束循环。

5. 译密码。为使电文保密，往往按一定规律将其转换成密码，收报人再按约定的规律将其译回原文。将小写字母变成对应大写字母后的第二个字母。其中 y 变成 A，z 变成 B.

6. 输入两个正整数 m 和 n，求其最大公约数和最小公倍数。

7. 输出所有的水仙花数，所谓"水仙花数"，是指一个三位数，其各位数组立方和等于该数本身。

8. 某人摘下一些桃子，卖掉一半，又吃了一只；第二天卖掉剩下的一半，又吃了一只；第三天、第四天、第五天都如此办理，第六天一看，发现就剩下一只桃子了。编写一个程序，采用迭代法问某人共摘了多少只桃子。

9. 编写一个程序，求 s=1+(1+2)+(1+2+3)+…+(1+2+3+…+n) 的值。

10. 输出 1～999 中能被 5 整除，且百位数字是 5 的所有整数。

11. 已知 abc+cba=1333，其中 a，b，c 均为一位数，编写一个程序求出 abc 分别代表什么数字。

12. 求一组整数中的正数之积与负数之和，直到遇到 0 时结束。

13. 设 N 是一个四位数，它的 9 倍恰好是其反序数，求 N 值（例如：1234 的反序数是4321）。

普通高等教育『十三五』规划教材

第 6 章 数 组

本书之前介绍的都是属于基本类型(整型、字符型、浮点型)的数据。除此之外 C 语言还提供了构造类型的数据,主要有数组类型、结构体类型和共用体类型。构造类型数据是由基本类型数据按一定规则组成的,所以又称为"导出类型"。

本章只介绍数组,主要包括:一维数组、二维数组、C 语言中字符串的处理方法;数组中元素的引用;数组的初始化。

在程序设计中,为了处理方便,往往把具有相同类型的若干变量按一定顺序组织起来。这些按序排列的同类数据元素的集合称为数组。数组是指一组具有相同类型的数据组成的序列。它的特点如下:

(1)一组具有相同类型的数据,并为之提供一个名字;

(2)这组数据被存储在内存的一个连续的区域中;

(3)这组数据具有一定的顺序关系,组成它的每个元素都可以通过序号访问。

数组中的元素称为数组元素。数组中的每一个元素具有相同的名称和不同的下标,它们都可以作为单个变量使用。数组元素下标的个数称为数组的维数。根据数组的维数可以将数组分为一维数组、二维数组、三维数组、多维数组。

6.1 一维数组的定义和使用

一维数组通常是指只有一个下标的数组元素组成的数组,它是 C 语言程序中经常使用的一类数组。一维数组中的各个数组元素用一个统一的数组名来标识,用不同的下标来指示其在数组中的位置。下标从 0 开始。一维数组通常与一重循环相配合,对数组元素进行处理。

例如,要处理一组学生的年龄,人员少时,可以分别将它们用 a, b, c, d, e, f, …命名,或用 age1, age2, age3, …命名,而人数较多时,就很不方便。如果用数组来处理这些数据,就会非常方便。用数组可以把这些学生的年龄统一命名为 student_age,这个名字称为数组名。其中不同学生的年龄可以用下标加以区别,如:

student_age[0], student_age[1], student_age[2], …

6.1.1 一维数组的说明

数组在使用中一定要先说明,后引用。其一般形式为

类型说明符 数组名 [常量表达式];

其中,类型说明符是任一种基本数据类型或构造数据类型。数组名是用户定义的标识符,常量表达式是数组元素个数,也称数组的长度。关于一维数组的定义,可进一步通过如下例子来理解。

int a[10]; /* 说明数组 a 有 10 个整型元素 */

float b[10], c[20]; /* 说明数组 b 有 10 个单精度浮点型元素, 数组 c 有 20 个单精度浮点型元素 */

char str[20]; /* 说明数组 str 有 20 个字符型元素 */

其中 int a[10]; 定义了一个一维数组 a, 内存存储情况如图 6.1.1 所示。该数组由 10 个数组元素构成, 其中每一个数组元素都属于整型数据类型。数组 a 的各个数据元素依次是 a[0], a[1], a[2], …, a[9]。每个数据元素都可以作为单个变量使用。

从以上例子中可以看出, 一维数组可以看成是一个数列。

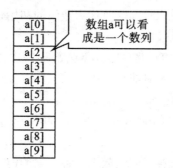

图 6.1.1 一维数组和二维数组

使用数组类型定义时应注意以下几点:

(1)数组名的命名规则和变量名相同, 遵循标识符规则, 但不能与其他变量名重名。例如:

int a;

float a[10];

是非法的。

(2)常量表达式中可以含有符号常量, 但不允许含有变量。例如:

#define N 5

int a[N];

是合法的, 而

int n=5; int a[n];

是非法的。

常量表达式在说明数组元素个数的同时也确定了数组元素下标的范围, 下标从 0 开始到常量表达式减 1 所得的整数。例如:

int a[8];

其数组 a 中所包含的组数元素有: a[0], a[1], a[2], a[3], a[4], a[5], a[6], a[7], 共 8 个。请特别注意, 按上面的定义, 不存在数组元素 a[8]。C 语言不检查数组下标越界, 但是使用时, 不能越界使用, 否则结果难以预料。

(3)数组元素的类型, 可以是基本数据类型, 也可以是构造数据类型。类型说明确定了每个数据占用的内存字节数。比如整型占用 2 个字节, 单精度浮点型占用 4 个字节, 双精度浮点型占用 8 个字节, 字符占用 1 个字节。

（4）一个数组一旦被定义，编译器将会为之开辟一片存储空间，以便将数组元素顺序地存储在这个空间中。如图 6.1.1 所示，数组 a 中每一个数组元素占用一个 int 类型的存储空间。

（5）C 语言还规定，数组名即为数组的首地址，即 a＝&a［0］。

6.1.2 一维数组的初始化

数组有特定的存储属性，即可以是全局的也可以是局部的，可以是静态的也可以是动态的。如果一个自动存储类型的数组没有初始化，也没有对它的任何元素赋值，那么每个元素的值都是无法确定的。数组元素和变量一样，除了用赋值语句对数组元素逐个赋值外，还可以在类型说明时赋值。在类型说明时的赋值称为数组的初始化。

一维数组的初始化通常可以采用以下三种方式：

（1）对数组的全部元素赋初值。将数组元素全部初始化就是按照定义的数组大小依次给各元素提供初值。初始值用括在一对花括号中的数据序列提供。例如：

int a［10］＝{0, 1, 2, 3, 4, 5, 6, 7, 8, 9}；

括号{}中的数据即为各元素的初始值，各值之间用逗号间隔。经过上面的定义和初始化之后，a［0］＝0，a［1］＝1，a［2］＝2，a［3］＝3，a［4］＝4，a［5］＝5，a［6］＝6，a［7］＝7，a［8］＝8，a［9］＝9。使用时要注意，即使数组中各元素的值全部相等，也必须逐个写出。

例如：整型数组 a［5］的 5 个元素全部为 1，初始化时应写成：

int a［5］＝{1, 1, 1, 1, 1}；

而不能写成：

int a［5］＝1；

（2）对数组的部分元素赋初值。当括号{}中值的个数少于元素的个数时，只给前面部分的元素赋初值，其余元素自动赋 0。例如：

int a［10］＝{0, 1, 2, 3, 4}；

表示 a［0］＝0，a［1］＝1，a［2］＝2，a［3］＝3，a［4］＝4，后面的 5 个元素 a［5］＝0，a［6］＝0，a［7］＝0，a［8］＝0，a［9］＝0。又如：

int b［5］＝{0, 0, 0, 0, 0}；

与

int b［5］＝{0}；

的结果相同。

（3）对数组的全部元素赋初值时，可以不指定数组长度。例如：

int a［5］＝{1, 2, 3, 4, 5}；

可以写成：

int a［ ］＝{1, 2, 3, 4, 5}；

系统会根据括号{}中的数值个数，自动定义数组 a 的长度为 5。

另外，如果定义数组时不进行初始化，其元素的初值与数组的存储类别有关。对于存储类别为自动类型的数组，其元素的初值为随机的，而对于存储类别为静态的数组或外部数组，其元素的初值为 0。与存储类别有关的知识，将在以后的章节中介绍。

【例 6.1.1】按正序输出数组中的每一个数据。

#include<stdio.h>

```
main( )
{    int i, a[10]={6, 12, 13, 54, 35, 6, 11, 8, 17, 10};   /* 给数组 a 赋初值 */
    for(i=0; i<10; i++)                  /* 循环输出数组元素 */
        printf("%4d", a[i]);
}
```

程序运行结果如下所示：

6   12   13   54   35   6   11   8   17   10

除上述的初始化赋值和用赋值语句给数组元素赋值外，还有一种给数组元素赋值的方法，即在程序执行过程中，对数组元素作动态赋值。例如：

```
for(i=0; i<10; i++)
    scanf("%d", &a[i]);
```

执行 for 语句时，逐个从键盘输入 10 个数到数组 a 中。

【例 6.1.2】用一个数组存储 5 个学生的成绩，并显示它们。

```
/****** 用数组存储成绩   ******/
#include  <stdio. h>
void main( )
{
    int i;
    int student_score[5];              /* 数组说明 */
    for(i=0; i<5; i++)                 /* 输入数据 */
      {
            printf("Please input a student score:");
            scanf("%d", &student_ score [i]);
      }
    for(i=0; i<5; i++)                 /* 输出数据 */
        printf("%6d", student_ score [i]);
}
```

6.1.3 一维数组元素的引用

数组元素是组成数组的基本单元，它也是一种变量，和单个变量的使用方法一样。一个数组一旦经过类型说明之后，即可使用该数组及其数组元素。

数组元素的一般表示形式：

数组名[下标]

其中，下标只能为整型常量或整型表达式，若为小数，系统自动取整。例如：

a[5], a[i+j], a[2*2]

都是合法的数组元素。

数组元素通常也称为下标变量，C 语言规定只能逐个地引用下标变量，而不能一次引用整个数组。例如，要输出有 10 个元素的数组 a，必须逐个输出各下标对应的变量。

for(i=0; i<10; i++)printf("%d", a[i]);

而不能写成

```
for(i=0; i<10; i++)printf("%d", a);
```
的形式。

【例6.1.3】数组元素的引用。

```
#include <stdio. h>
main( )
{   int i, a[10];
    for(i=0; i<=9; i++)
      a[i]=3*i;                    /* 用赋值语句给数组元素赋值 */
    for(i=9; i>=0; i--)
      printf("%4d", a[i]);         /* 把数组元素倒序输出 */
}
```

程序运行结果如下所示：

27 24 21 18 15 12 9 6 3 0

6.1.4 一维数组的应用

【例6.1.4】要求用数组求Fibonacci数列的前20项。

Fibonacci数列的前两项均为1，1，从第三项开始其值为前两项之和。其公式为

$$f_n=\begin{cases}1 & n=1, n=2\\ f_{[n-1]}+f_{[n-2]} & n>2\end{cases}$$

程序如下：

```
#include <stdio. h>
main( )
  {   int i;
      int f[20]={1, 1};            /* 初始化数组的前两项 */
      for(i=2; i<20; i++)
          f[i]=f[i-2]+f[i-1];      /* 从第三项开始，每循环一次，计算一项 */
      for(i=0; i<20; i++)
        {if(i%5= =0)printf("\n");
         printf("%-12ld", f[i]);
        }
  }
```

程序运行结果如下所示：

1	1	2	3	5
8	13	21	34	55
89	144	233	377	610
987	1597	2584	4181	6765

【例6.1.5】输入10个数按从小到大的顺序排列。

这是数组中常见的一个问题——排序问题。排序是将一组数据按一定的规则重新排列。排序的方法有很多。下面只介绍冒泡法排序。

冒泡排序算法的基本思想如下：将相邻两个数比较，将较大的数调到后面。

具体描述：通过依次对相邻的两个数据进行比较交换，使最大的数据被放到最后的位置，此时该数的位置已排好；再对剩下没有排好序的数进行两两比较交换，这时剩下的数中最大的一个也被交换到了最后，即倒数第二的位置；此后一直如此循环下去……直到比较交换完最后的两个数据为止。如图6.1.2和图6.1.3所示。

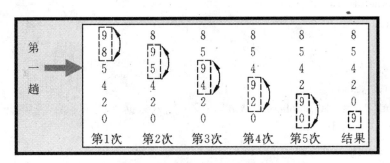

图6.1.2　冒泡排序第一趟比较

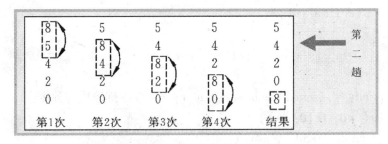

图6.1.3　冒泡排序第二趟比较

按照图6.1.2和图6.1.3的思路，对10个数排序需要9趟。如果有n个数排序，则要进行n-1趟比较。

冒泡排序法的基本步骤如下所述。

第0步：有n个数进行比较，每次把相邻两个数进行比较(共需比较n-1次)，将较小的数交换到前面(将较大的数交换到后面)，逐次比较，直到将最大的数移到最后位置(此时最大的数在最后位置固定下来)。

第1步：经第一趟比较之后剩下n-1个数进行比较，同样，将相邻两个数进行比较(共比较(n-1)-1=n-2次)，把较小的数交换到前面(较大的数交换到后面)，直到把次大的数移到倒数第二个位置 (此时次大的数在倒数第二个位置固定下来)。

第2步：此时剩下n-2个数进行比较，同样每相邻两个数进行比较(共比较(n-2)-1=n-3次)，将较小的数交换到前面(将较大的数交换到后面)，逐次比较，直到将第三大的数移到倒数第三个位置(此时第三大的数在倒数第三个位置固定下来)。

⋮

依照上面的规律推导如下：

S_i(第i步)：将前面比较后剩下的n-i个数进行比较，还是每相邻两个数进行比较(共比较 (n-i)-1=n-i-1 次)，将较小的数交换到前面(将较大的数交换到后面)，逐次比较，直到将第 i+1 大的数移到倒数第 i+1 个位置。

⋮

第 n-2 步：将最后的 2 个数进行比较(比较 1 次)和交换。到此所有的数据已经按照从小到大的顺序排列完成了。

```c
#include <stdio. h>
#include <stdlib. h>
void main( )
{
    int a[10];
    int i, j, t;
    printf("input 10 numbers : \ n");  /＊输入数据＊/
    for(i=0; i<10; i++)
        scanf("%d", &a[i]);
    for(i=0; i<9; i++)  /＊数据排序＊/
        for(j=0; j<10-i-1; j++)
            if(a[j]>a[j+1])
            {
                t=a[j]; a[j]=a[j+1]; a[j+1]=t;
            }
    printf("the sorted numbers : \ n");  /＊输出排序后的数据＊/
    for(i=0; i<10; i++)
        printf("%5d ", a[i]);
}
```

从冒泡法排序算法的完整过程可以看出，排序的过程就是大数沉底的过程(或小数上浮的过程)，总共进行了 n-1 趟，整个过程中的每个步骤都是相同的，因此可以考虑用循环来实现——这是外层循环。

从每一个步骤看，相邻两个数的比较，交换过程是从前向后进行的，也是相同的，共进行了 n-i-1 次，所以可以考虑用循环来实现——这是内层循环。

6.2 二维数组的定义和使用

前面介绍的是只有一个下标的数组，称为一维数组。但在实际处理问题时往往需要使用二维或多维数组的情况。比如要存储或计算矩阵时，就需要用到二维数组。

6.2.1 二维数组的说明

二维数组说明的一般形式为

类型说明符 数组名[常量表达式 1][常量表达式 2]；

其中，常量表达式 1 为第 1 维(称为行)下标的长度，常量表达式 2 为第 2 维(称为列)下标的长度。二维数组中的第 1 个下标表示该数组具有的行数，第 2 个下标表示该数组具有的列数，两个下标之积是该数组具有的数组元素的个数。例如：

int a[3][4];

说明了一个 3 行 4 列的整型数组，数组名为 a，元素的个数共有 3×4 个。实际上，我们可以把二维数组看做是一种特殊的一维数组：它的每个元素又是一个一维数组。例如，可以把 a 看做是一个一维数组，它有 3 个元素：a[0]、a[1]、a[2]，每个元素又是一个包含 4 个元素的一维数组。因此可以把 a[0]、a[1]、a[2]看做是 3 个一维数组的名字。上面定义的二维数组可以理解为定义了 3 个一维数组，即相当于 int a[0][4]，a[1][4]，a[2][4]；

C 语言中，二维数组的下标和一维数组一样都是从 0 开始。上例中的二维数组实际上描述了一个 3 行 4 列的表格，二维数组中的两个下标自然地形成了表格中的行列对应关系。但在计算机中，由于存储器是连续编址的，即存储单元是按一维线性排列的，所以二维数组在计算机中是被转换成一维数组排列存放的，即先按列号由小到大存放第一行元素，再存放第二行元素……因此，C 语言中二维数组是按行排列的。

二维数组元素在内存中的存储方式见图 6.2.1。

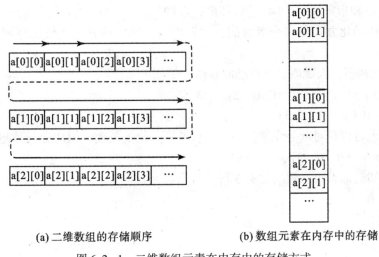

(a) 二维数组的存储顺序　　　　　　(b) 数组元素在内存中的存储

图 6.2.1　二维数组元素在内存中的存储方式

C 语言允许使用多维数组，多维数组的定义和使用与二维数组类似。例如，定义三维数组的方法如下：

int a[2][3][5];

同样，三维数组元素的下标也是从 0 开始的。关于多维数组使用，读者可以参照二维数组，本书不再赘述。

6.2.2　二维数组的初始化

与一维数组类似，对于二维数组，也可以通过数组初始化给它们赋初值，一般有如下三种方式：

（1）分行给二维数组赋初值。例如：

int a[3][4] ={{1, 2, 3, 4}, {5, 6, 7, 8}{9, 10, 11, 12}};

这是最直观的一种赋初值的方法，计算机将会把第 1 个花括号内的数据赋给第 1 行的元素，第 2 个花括号的数据赋给第 2 行的元素，第 3 个花括号的数据赋给第 3 行的元素。即

普通高等教育『十三五』规划教材

按行赋值。

二维数组赋初值时也可省略第一维的大小，如

int a[ ][4]={ {1，2，3，4}，{5，6，7，8}{9，10，11，12}}；

计算机会根据初值的具体情况确定第一维的大小。由于在外层花括号中有三对花括号，因此可以确定此二维数组的行数为3。但应注意，在定义二维数组时不能省略两维的大小或只省略第二维的大小。如以下形式为非法的。

int a[ ][ ]={ {1，2，3，4}，{5，6，7，8}{9，10，11，12}}；

int a[3][ ]={ {1，2，3，4}，{5，6，7，8}{9，10，11，12}}；

(2)按数组元素的顺序对各元素赋初值。例如：

int a[3][4]={1，2，3，4，5，6，7，8，9，10，11，12}；

提供了12个数据，依次给各行各列元素赋初值。对此也可省略第一维的大小。例如，计算机会根据

int a[ ][4]={ 1，2，3，4，5，6，7，8，9，10，11，12}；

的数据个数(12)和指定的列数(4)，计算出行数(3)。

以上两种初始化方式是完全等价的，比较而言，第一种方式比较清晰明了，有助于阅读。

(3)部分赋初值，未赋值元素自动取0值。例如：

int a[3][3]={{0，1}，{0，0，2}，{3}}；

9个元素值为：0 1 0 0 0 2 3 0 0

在定义时也可以只对部分元素赋初值而省略第一维的长度，但应分行赋初值。例如：

int a[ ][4]={{0，0，3}，{}，{0，10}}；

的写法，能通知编译系统：数组共有3行，数组各元素为

0　0　30　0

0　0　0　0

0　10　0　0

6.2.3　二维数组的引用

同一维数组一样，定义了二维数组后，就可以引用该数组的所有元素。二维数组元素的一般表示方法为

数组名[下标][下标]；

其中，下标为整型常量或整型表达式，如为小数计算机会自动取整。二维数组元素又称双下标变量，和普通变量的使用方法一样，可以出现在表达式中，也可以被赋值，例如：

b[1][2]=a[2][3]/2；

由于下标变量和数组说明在表示形式上是一样的，因此使用时应特别注意。例如：

int a[3][4]；

则该数组第一个元素的下标为a[0][0]，最后一个元素的下标为a[2][3]。

6.2.4　二维数组的应用

【例6.2.1】有一个3×4的矩阵，要求编程求出其所有元素中的最大值以及它的行下标和列下标。

/＊找出矩阵中的最大值及其行下标和列下标 ＊/

```
#include <stdio.h>
int main(void)
{ int row, i, j, col;              /＊ row 代表最大值的行下标，col 代表最大值的列下标 ＊/
    int a[3][4];                   /＊ 定义一个二维数组用来存放该矩阵 ＊/
    printf("Enter 12 integers: \ n");
    /＊提示输入 12 个数 ＊/
    for(i = 0; i < 3; i++)
        for(j = 0; j <4; j++)
            scanf("%d", &a[i][j]);
    row = col = 0;                          /＊ 先假设 a[0][0] 是最大值 ＊/
    for(i = 0; i < 3; i++)
        for(j = 0; j <4; j++)
            if(a[i][j] > a[row][col])   /＊如果 a[i][j] 比假设值大 ＊/
            {
                row = i;                    /＊再假设 a[i][j] 是新的最大值 ＊/
                col = j;
            }
    printf("max = a[%d][%d] = %d\ n", row, col, a[row][col]);
```

程序运行结果如下所示：

```
Enter12 integers:
11  -3  10  -9
6  -1  3  2
1  29  5  17
max = a[2][0] = 10
```

【例 6.2.2】编程计算矩阵 a 的转置矩阵，即把矩阵 a 的行列元素互换，并输出这两个矩阵。

```
#include <stdio.h>
int main(void)
{ int i, j;
    int a[2][3], b[3][2];                   /＊ 定义两个二维数组用来存放两个矩阵 ＊/
    printf("请输入矩阵数据: \ n");
    for(i = 0; i <2; i++)
        for(j = 0; j <3; j++)
            scanf("%d", &a[i][j]);
    printf("矩阵 a: \ n");
    for(i = 0; i < 2; i++)
    {
        for(j = 0; j <3; j++)
        {
```

```
            printf("%5d ", a[i][j]);
            b[j][i] = a[i][j];
        }
        printf("\n");
    }
printf("矩阵 b：\n");
for(i = 0; i <3; i++)
    {
        for(j = 0; j <2; j++)
            printf("%5d ", b[i][j]);
        printf("\n");
    }
}
```

程序运行如下
请输入矩阵数据：
1 2 3 4 5 6
矩阵 a：
1   2   3
4   5   6
矩阵 b：
1   4
2   5
3   6

6.3 C 语言中字符串的处理方法

C语言没有提供字符串变量，对字符串的处理常常采用字符数组实现，因此也有人将字符数组看成是字符串变量。

字符串(字符串常量)是用双引号括起来的若干有效的字符序列，字符串可以包含字母、数字、符号、转义符。

6.3.1 字符数组

字符数组是一种用来存放和处理字符型数据的数组变量，字符数组中一个元素存放一个字符。字符数组分为一维字符数组和多维字符数组。

字符数组是以字符为元素的数组，其定义方法和前面介绍的类似。字符数组类型说明的一般表示形式为

char 数组名[常量表达式];
char 数组名[常量表达式 1][常量表达式 2];
定义字符数组的类型说明符为 char，例如：
char ch1[10];   /* 说明 ch1 为含有 10 个类型元素的一维字符数组 */

char ch2[5][6]; /* 说明 ch2 为含有 5×6 个类型元素的二维字符数组 */

字符数组可以用赋值语句赋值，也可以通过字符数组初始化赋值。字符数组的初始化通常采用如下两种方式：

(1)以字符常量的形式对字符数组初始化。

用一般数组的初始化方法，给各个元素赋初值，系统不会自动在末位字符后加结束标志′\ 0′。例如：

char str1[ ] = {′C′,′H′,′I′,′N′,′A′};

或

char str1[5] = {′C′,′H′,′I′,′N′,′A′};

没有结束标志。如果要加结束标志，必须按如下方法明确指定。

char str1[ ] = {′C′,′H′,′I′,′N′,′A′,′\ 0′};

char str2[8] = {′C′,′H′,′I′,′N′,′A′};

字符数组 str2 还有 8-5＝3 个字节暂时没有初始化，系统认为被初始化为′\ 0′，相当于其末位有字符串结束标志。

使用时注意：若括号中提供的初值个数大于数组长度，系统按语法错误处理；若初值个数小于数组长度，则将字符赋给前面的数组元素，其余元素自动赋空字符(即′\ 0′)。

(2)用字符串对字符数组初始化。

C 语言是用字符数组来处理字符串的，字符串是由一对双撇号括起来的一个或多个字符。

例如：

char ch[10] = {"I am fine"};

或

char ch[ ] = {"I am fine"};

也可以省去括号{}，直接写为

char ch[10] = "I am fine";

或

char ch[ ] = "I am fine";

对于用双引号括起来的字符串常量，C 编译系统会自动在其后面加上一字符串结束标志符′\ 0′。因此，数组 ch 在内存中实际存放的是：I am fine \ 0。数组 ch 的长度是 10，而不是 9。它和下面的初始化等价。

char ch[ ] = {′I′,′ ′,′a′,′m′,′ ′,′f′,′i′,′n′,′e′,′\ 0′};

需要说明的是：字符数组并不要求它的最后一个字符为′\ 0′，甚至可以不包含′\ 0′。像以下这样写是合法的：

char c[5] = {′c′,′h′,′i′,′n′,′a′};

是否需要加′\ 0′，完全根据需要决定。但是由于系统对字符串常量自动加一个′\ 0′。因此，人们为了使处理方法一致，便于测定字符串的实际长度，以及在程序中作相应的处理，在字符数组中也常常人为地加上一个′\ 0′。如：

char c[6] = {′c′,′h′,′i′,′n′,′a′,′\ 0′};

字符数组中的每一个元素同样也都可以被当做是一个普通变量一样使用。

【例 6.3.1】输出一个字符串。

```
#include <stdio. h>
int main( )
{
    char c[5]={'c','h','i','n','a'};
    int i;
    for(i=0; i<5; i++)
      printf("%c", c[i]);
    printf(" \ n");
    }
```

运行的结果为：

china

字符数组不只有一维的，也有二维的字符数组和多维的字符数组。

【例6.3.2】输出一个菱形图案。

```
#include <stdio. h>
int main( )
{
    char c[ ][5]={{' ',' ','*'}, {' ','*',' ','*'}, {'*',' ',' ',' ','*'}, {'
','*',' ','*'}, {' ',' ','*'}};
    int i, j;
    for(i=0; i<5; i++)
      for(j=0; j<5; j++)
        printf("%c", c[i][j]);
    printf(" \ n");
    }
```

运行结果如下：

```
    *
  *   *
*       *
  *   *
    *
```

6.3.2   字符串

C语言中，将字符串作为字符数组来存放。例如：

char ch[10]={"I am fine"};

此例中把字符串"I am fine"用一个一维的字符数组来存放，数组长度为10，而字符串的实际长度（所含字符个数）为9。通过对上一节的学习我们知道，这是因为系统在存储字符串时，会自动的在字符串末尾加上一个结束标志'\ 0'。

系统对字符串常量也会自动加一个'\ 0'作为结束符。例如"C Program"共有9个字符，但在内存中占10个字节，最后一个字节为'\ 0'，是由系统自动加上的。

有了结束标志'\ 0'后，字符数组的长度就显得不那么重要了。在程序中往往依靠检测

'\0'的位置来判定字符串是否结束,而不是根据数组的长度来决定字符串的长度。当然,在定义字符数组时应估计字符串实际长度,保证数组长度始终大于字符串实际长度。如果在一个字符数组中先后存放了多个不同长度的字符串,则应使数组长度大于最长的字符串的长度。如语句:

printf("How do you do? \n");

输出一个字符串。在执行此语句时系统怎么知道应该停止输出呢?好在字符串存放到内存中时,系统已经自动添加了字符串结束标志'\0',因此在执行 printf 函数时,每输出一个字符就检查一次,看下一个字符是否为'\0',遇到'\0'就停止输出。

注意:'\0'代表 ASCII 码为0的一个字符。从 ASCII 码表中可以查到,ASCII 为0的字符不是一个可以显示的字符,而是一个"空操作符",也就是说它什么也不做。用它来作为字符串的结束标志不会产生附加的操作或增加有效字符,只是一个供辨识的标志。

字符串的输入/输出有以下两种方法:

(1)逐个字符输入/输出。

逐个字符输入/输出采用"%c"格式符来实现。例如:

printf("%c", c[3]);

(2)整串字符输入/输出。

整串字符输入/输出采用"%s"格式符来实现。如例6.3.3。

【例6.3.3】用格式符"%s"输入/输出字符串。

```
#include <stdio.h>
int main(void)
{
    char str1[5], str2[5], str3[5];
    scanf("%s%s%s", str1, str2, str3);
    printf("str1=%s   str2=%s   str3=%s\n", str1, str2, str3);
}
```

程序运行结果:

How are you

str1=How　str2=are　str3=you

说明:

(1)用%s 输出字符串时,不需要在 scanf 函数中的字符数组名前加地址运算符 &。即

scanf("%s%s%s", &str1, &str2, &str3);

是错误的,因为数组名本身就是数组的地址。

(2)用 scanf 函数输入字符串时,并不按照定义的字符数组大小决定实际输入的字符个数,而是按照下面的两种情况决定实际输入的字符个数。

① 由输入格式字段中指定输入宽度。例如:

scanf("%3s%3s%3s", str1, str2, str3);

表示输入到各字符数组中的字符数分别是3,3,3,因此,当输入为"abcdefghij"时,数组 str1 中存放的是 abc,数组 str2 中存放的是 def,数组 str3 中存放的是 ghi。请注意:其中输入的 j 此时并没有存储在任何的字符数组中。

② 系统把空格符或回车符作为输入的字符串之间的分隔符。例如:

普通高等教育『十三五』规划教材

```
scanf("%s%s%s", str1, str2, str3);
```

语句，当输入 How are you 时，系统就会把 How 存放到数组 str1 中，把 are 存放到数组 str2 中，把 you 存放到数组 str3 中。

注意：虽然定义了数组的长度，但实际上输入的字符可以超过该长度，这说明 C 语言没有数组超界检查功能。为了防止过多输入数据，造成对其他数据的副作用，应当确保字符串长度(包括字符串结束标志)在字符数组所能容纳的空间内。

(3) 按照上述方法输入字符后，系统会自动为每个字符串添加一个字符串结束标志符'\ 0'。

(4) 使用 printf 函数输出字符串时，遇到一个'\ 0'就认为是该字符串的结束，即只输出'\ 0'之前的字符。

6.3.3　字符串处理函数

为了编程方便，C 语言提供了丰富的字符串处理函数，用户在编程时可以直接调用这些函数。

注意：当需要使用输入/输出的字符串函数时，在使用前应包含头文件"stdio. h"；当需要使用比较、拷贝、合并等字符串处理函数时，则应包含头文件"string. h"。

1. 字符串输入/输出函数

①gets 函数

一般调用形式：

gets(字符数组名);

函数功能：gets 函数是用来从标准输入设备(键盘)上输入一个字符串(以回车为结束标志)到指定字符数组中的函数。

注意事项：gets( )函数和使用"%s"格式的 scanf( )函数都是从键盘接收字符串，但两者有区别：对于 scanf( )函数，回车或空格都是字符串结束标志；而对于 gets( )函数，只有回车才是字符串结束标志，空格则是字符串的一部分。

②puts 函数

调用形式：

puts(字符数组名);

函数功能：puts 函数用来输出一个字符串到标准输出设备(显示器)，字符串中的结束标志'\ 0'转换成回车换行符'\ n'。

注意事项：它的作用与 printf 函数相同。但用 puts 函数一次只能输出一个字符串，不能企图用 puts (str1，str2)的形式一次输出两个字符串。

puts( )函数完全可以由 printf( )函数取代，当需要按一定格式输出时，通常用 printf( )函数。

【例 6.3.4】阅读程序，写出程序运行结果。

```
#include <stdio. h>
main()
{
    char str[20];
    printf("请输入用户名:");
```

```
        gets(str);
        printf("欢迎用户%s 登录\n", str);
}
```

程序运行结果：

请输入用户名：wang ming

欢迎用户 wang ming 登录

可以看到当输入字符串中含有空格时，输出为包含空格的全部字符串。

2. 字符串长度测量函数 strlen

一般调用形式： strlen(字符串);

函数功能： 测量指定字符串的长度(字符串结束标志'\0'前的所有字符的个数)。

返回值： 字符串的长度。

【例 6.3.5】阅读程序，写出程序运行结果。

```
#include <stdio.h>
#include <string.h>
main( )
{   char str[ ]="I am fine.";
    printf("string length:%d\n", strlen(str));
}
```

程序运行结果如下所示：

string length：10

3. 字符串连接函数 strcat

一般调用形式：strcat(字符数组名 1，字符数组名 2);

函数功能：取消字符数组 1 中的字符串结束标志'\0'，把字符数组 2 中的字符串连接到字符数组 1 中的字符串后面。

返回值：字符数组 1 的首地址。

注意事项：字符数组 1 的长度要足够大，以保证容下被连接的字符。

【例 6.3.6】阅读程序，写出程序运行结果。

```
#include <stdio.h>
#include <string.h>
main( )
{
    char str1[20]="I am"; char str2[ ]=" fine.";
    strcat(str1, str2); puts(str1); /*与 puts(strcat(str1, str2));等价*/
}
```

程序运行结果如下所示：

I am fine.

4. 字符串拷贝函数 strcpy

一般调用形式：strcpy(字符数组名，字符串);

函数功能：将字符串存入到字符数组中(拷贝)。

返回值：字符数组的首地址。

普通高等教育『十三五』规划教材

注意事项：其中参数表中的字符串为字符串常量或已赋值的字符数组名。同 strcat( )函数一样，字符数组的长度要足够大，以保证装入拷贝后的字符串。

【例 6.3.7】阅读程序，写出程序运行结果。

```
#include <stdio. h>
#include <string. h>
main( )
{ char str1[20], str2[ ] ="I am fine. ";
  strcpy(str1, str2); puts(str1);
}
```

程序运行结果如下所示：

I am fine.

5. 字符串比较函数 strcmp

一般调用形式：strcmp(字符串1，字符串2)；

函数功能：按照 ASCII 码值的大小依次比较两个字符串，并由函数返回值返回比较的结果。

返回值：若字符串 1<字符串 2，则返回值为小于 0 的整数；若字符串 1＝字符串 2，则返回值为 0；若字符串 1>字符串 2，则返回值为大于 0 的整数。

注意事项：其中参数表中的字符串 1、字符串 2 为字符串常量或已赋值的字符数组名。

【例 6.3.8】阅读程序，写出程序运行结果。

```
#include <string. h>
#include <stdio. h>
main ( )
{    int k; char str1[20]="雪山飞狐", str2[20];
     printf(" \ n 请输入用户名： \ n"); gets(str2);
     k=strcmp(str1, str2);              /* 将比较结果(返回值)赋给 k */
     if( k= =0)
         printf("登录成功 \ n");    /* 通过判断 k 的值，输出比较结果 */
     else
         printf("您输入的用户名不正确 \ n");
}
```

程序运行结果如下所示：

请输入用户名：雪山飞回

您输入的用户名不正确

6. 字符串小写转换成大写函数 strupr

一般调用形式：strupr(字符串)；

参数说明：字符串为字符串常量或已赋值的字符数组名。

函数功能：将字符串中所有小写字母转换成大写字母。

返回值：替换后字符串的首地址。

7. 字符串大写转换成小写函数 strlwr

一般调用形式：strlwr(字符串)；

参数说明：字符串为字符串常量或已赋值的字符数组名。

函数功能：将字符串中所有大写字母转换成小写字母。

返回值：替换后字符串的首地址。

6.3.4 字符串的应用

【例6.3.9】编写程序，要求输入两个字符串，找出在第一个字符串中出现的，而没在第二个字符串中出现的字符，将其存放到第三个字符串中，并输出。

```
#include <stdio. h>
#include" string. h"
#define   N   81
main( )
{
    char str1[N], str2[N], str3[N];
    int i, j, k, flag;
    printf("Please input the first string: \ n");
    gets(str1);          /*输入第一个字符串*/
    printf ("Please input the second string: \ n");
    gets(str2);          /*输入第二个字符串*/
    k=0;
    for(i=0; str1[i]! =' \ 0'; i++)
    {   flag=1;
        for(j=0; str2[j]! =' \ 0'&&flag; j++)
        if(str2[j] ==str1[i]) flag=0;
        if(flag)
        {
            str3[k]=str1[i];
            k++;
        }
    }
    str3[k]=' \ 0';
    printf ("The third string: \ n");
    puts(str3);
}
```

说明：程序中flag作为一个标志变量使用。当第一个字符串的字符在第二个字符串中出现时，则flag赋值为0；也就是说，当flag未被赋值为0时，说明str1的第i个字符在str2中不存在。

【例6.3.10】有三个字符串，要求找出其中最大者。

定义一个二维的字符数组str，大小为3×20，即有3行20列，每一行可以容纳20个字符。把str[0]、str[1]、str[2]看做三个一维字符数组，它们各有20个元素。把它们如同一维数组那样进行处理。用gets函数分别读入三个字符串。经过二次比较，就可得到其中的最大者，并把它放在一维字符数组 string 中。

程序如下：

```
#include <stdio. h>
#include" string. h"
void main （ ）
{
    char str[3][20], string[20]; int i;
    for (i=0; i<3; i++)
        gets (str[i]);
    if (strcmp(str[0], str[1])>0)
        strcpy (string, str[0]);
    else strcpy(string, str[1]);
    if (strcmp(str[2], string)>0)
        strcpy(string, str[2]);
    printf(" \ nthe largest string is： \ n%s \ n", string);
}
```

程序运行结果如下所示：

Follow me

Basic

Computer design

the largest string is：

Computer design

因为 C 语言允许将一个二维数组当做多个一维数组来处理，因此在本例中，将二维数组 str[3][20]分为三个一维数组(str[0]~str[2])使用。当然，这个题目也可以不采用二维数组，而定义三个一维字符数组来处理，结果一样。

6.4　实训4

1. 主函数中初始化了一个名为 books 的二维数组，补充程序，完成数组的排序操作，并输出排序后的数组(如需增加变量，请自行定义)。

```
void main()
{int i;
char books[100][20]={"计算机网络","数据结构","汇编语言","数字图像处理","会
计学"};
//以下是排序和输出操作



}
```

2. 主函数中初始化了一个名为 books 的二维数组，补充程序，完成数组的查询操作，如果找到则输出此书在数组中的位置下标，否则输出"查无此书"（如需增加变量，请自

行定义)。

```
void main( )
{int i;
char books[100][20]={"计算机网络","数据结构","汇编语言","数字图像处理","会
计学"};
char   bookname[20];
printf("\n请输入要查找的图书名称:");
scanf("%s", bookname);
//以下是查询操作




}
```

3. 主函数中初始化了一个名为 books 的二维数组,补充程序,完成从数组中删除一个数据的操作,如果找到此书,则将其从数组中删除,并显示删除后的数组信息,否则输出"查无此书"(如需增加变量,请自行定义)。

```
void main( )
{int i;
char books[4][20]={"计算机网络","数据结构","汇编语言","数字图像处理","会计
学"};
char   bookname[20];
printf("\n请输入要删除的图书名称:");
scanf("%s", bookname);
//以下是删除操作




}
```

4. 定义了一个全局变量 n 和一个名为 books 的二维数组,补充程序,完成数组的输入操作,并输出数组内容(如需增加变量,请自行定义)。

```
//定义全局变量
int   n=0; //n 为当前的图书数量。
char books[100][20];
void main( )
{int i;
char bookname[20];
while(1)
{
  printf("\n请输入书名:");
  //补充程序,完成数据输入
```

```
n++;
printf("\n\n继续添加图书信息[1-yes 0-no]:");
scanf("%d", &b);
if(b==0) break;
}
//补充程序，显示当前的图书信息

}
```

习　题

1. 求一个 3×3 的整型矩阵对角线元素之和。

2. 用选择法对 10 个整数排序。

3. 有一个已排好序的数组，要求输入一个数后，按原来排序的规律将它插入数组中。

4. 将一个数组中的值按逆序重新存放。例如，原来顺序为 8，6，5，4，1。要求改为 1，4，5，6，8。

5. 输出以下图案

```
* * * *
* * * *
* * * *
* * * *
* * * *
```

6. 找出一个二维数组中的鞍点，即该行上最大、在该列上最小。也可能没有鞍点。

7. 有一篇文章，共有 3 行文字，每行有 80 个字符。要求分别统计出其中英文大写字母、小写字母、数字、空格以及其他字符的个数。

8. 有 15 个数按由大到小顺序存放在一个数组中，输入一个数，要求用折半查找法找出该数是数组中第几个元素的值。如果该数不在数组中，则输出"无此数"。

9. 编一个程序，将两个字符串连接起来，不用 strcat 函数。

10. 编写一个程序，将字符数组 s2 中的全部字符复制到字符数组 s1 中。不用 strcpy 函数。复制时，'\0'也要复制过去。'\0'后面的字符不复制。

7.1 函数作用

函数体现了 C 语言面向过程的模块化思想。使用函数，可以使程序结构清晰，模块化，并且函数可以反复被调用。

一个较大的程序一般应分为若干个程序模块，每个模块用来实现一个特定的功能，函数是指完成一个特定工作的独立程序模块。一个 C 程序由一个主函数(main)和若干个其他函数构成。程序的执行总是从主函数开始，最后到主函数结束。同一个函数可以被一个或多个函数调用任意次。main 函数是主函数，它可以调用其他函数，而不允许被其他函数调用。如图 7.1.1 所示。

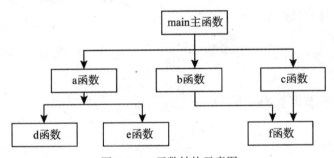

图 7.1.1 函数结构示意图

还应该指出的是，在 C 语言中，所有的函数定义，包括主函数 main 在内，都是平行的。也就是说，在一个函数的函数体内，不能再定义另一个函数，即不能嵌套定义。但是函数之间允许相互调用，也允许嵌套调用。习惯上把调用者称为主调函数，被调用者称为被调函数。函数还可以自己调用自己，称为递归调用。

【例 7.1.1】程序对比(1)。

(1) 初始程序

```
#include<stdio. h>
void main( )
{
  printf( " * * * * * * * * * \ n");
  printf("How do you do! \ n");
  printf( " * * * * * * * * * \ n");
}
```

（2）程序改进

在输出的文字上下分别有一行"＊"，显然不必重复写这段代码，用一个函数printstar（）实现输出一行"＊"功能，在main（）多次调用即可。

```
#include<stdio. h>
void printstar( )
{
printf( " *  *  *  *  *  *  *  *  * \ n");
}
void printf_message( )
{
printf("How do you do! \ n");
}
void main( )
{
    printstar( );
    printf_message( );
    printstar( );
}
```

【例7.1.2】程序对比（2）。

（1）初始程序

```
void main( )
{   int a, b, c;
    scanf("%d,%d", &a, &b);
    c=a>b? a: b;
    printf("Max is %d", c);
}
```

（2）程序改进

```
void main( )
{   int a, b, c;
    scanf("%d,%d", &a, &b);
    c=max(a, b);
    printf("Max is %d", c);
}
int max(int x, int y)
{    int z;
     z=x>y? x: y;
     return(z);
}
```

问题小结：从程序改进中可看出函数的作用就是模块化思想，最直接的优势在于程序的修改只要在相关函数内部进行即可。例如程序7.1.1内的"＊"打印个数如需变化，只要修改 printstar 函数内部的打印个数即可。不用像初始程序中逐条修改 printf(" * * * * * * * * * \ n")；语句。

7.2 函数的类别

在 C 语言中可从不同的角度对函数分类。

从函数定义的角度看，函数可分为库函数和用户定义函数两种。

库函数：由 C 系统提供，用户无须定义，也不必在程序中作类型说明，用户只要用#include 文件将相应头文件包含到程序中即可调用它们。在前面各章的例题中反复用到 printf、scanf、getchar、putchar、gets、puts、strcat、strlen 等函数均属此类。

用户定义函数：由用户按需要编写的函数。对于用户自定义函数，不仅要在程序中定义函数本身，而且在主调函数模块中还必须对该被调函数进行类型说明，然后才能使用。

C 语言的函数兼有其他语言中的函数和过程两种功能，从这个角度看，又可把函数分为有返回值函数和无返回值函数两种。

有返回值函数：此类函数被调用执行完后将向调用者返回一个执行结果，称为函数返回值。如数学函数即属于此类函数。由用户定义的这种要返回函数值的函数，必须在函数定义和函数说明中明确返回值的类型。

无返回值函数：此类函数用于完成某项特定的处理任务，执行完成后不向调用者返回函数值。这类函数类似于其他语言的过程。由于函数无须返回值，用户在定义此类函数时可指定它的返回值为"空类型"，空类型的说明符为"void"。

从主调函数和被调函数之间数据传送的角度看又可分为无参函数和有参函数两种。

无参函数：函数定义、函数说明及函数调用中均不带参数。主调函数和被调函数之间不进行参数传送。此类函数通常用来完成一组指定的功能，可以返回或不返回函数值。

有参函数：也称为带参函数。在函数定义及函数说明时都有参数，称为形式参数（简称为形参）。在函数调用时也必须给出参数，称为实际参数（简称为实参）。进行函数调用时，主调函数将把实参的值传送给形参，供被调函数使用。

7.3 函数的定义

1. 无参函数的定义形式

例 7.1.1 中的 printstar( )和 printf_message( )都是无参函数，特征就是函数名后的括号中是空的，没有任何参数，定义无参函数的一般形式如下：

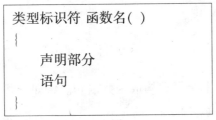

```
类型标识符 函数名( )
{
    声明部分
    语句
}
```

在定义函数时要用"类型标识符"（即类型名）指定函数值的类型，即函数返回值的类型。例 7.1.1 中 printstar( )和 printf_message( )函数类型为 void，即没有返回值。

普通高等教育『十三五』规划教材

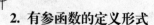

2. 有参函数的定义形式

有参函数比无参函数多了一个内容，即形式参数表列。在形参表中给出的参数称为形式参数，它们可以是各种类型的变量，各参数之间用逗号间隔。在进行函数调用时，主调函数将赋予这些形式参数实际的值。形参既然是变量，必须在形参表中给出形参的类型说明。

```
类型标识符 函数名(形式参数表列)
{
    声明部分
    语句
}
```

例如，定义一个函数，用于求两个数中的大数，可写为：

```
int max( int x, int y)
{
    int z;
    z=x>y? x: y;
    return(z);
}
```

第一行说明 max 函数是一个整型函数，其返回的函数值是一个整数。形参 x，y 均为整型量。x，y 的具体值是由主调函数在调用时传送过来的。在 max 函数体中的 return 语句是把 x(或 y)的值作为函数的值返回给主调函数。有返回值的函数中至少应有一个 return 语句。

7.4 函数的调用

7.4.1 函数调用类型

前面已经说过，在程序中是通过对函数的调用来执行函数体的，C 语言中，函数调用的一般形式为：

函数名(实际参数表)

例如：c=max(a, b)。

对无参函数调用时则无实际参数表。例如：printstar( )。对于有参函数来说，实际参数表中的参数可以是常数、变量或其他构造类型数据及表达式，各实参之间用逗号分隔。在 C 语言中，可以用以下几种方式调用函数。

1. 函数调用语句

```
printstar( );
printf ("%d", a);
scanf ("%d", &b);
```

函数调用的一般形式加上分号即构成函数语句。例如：都是以函数语句的方式调用函数。

2. 函数表达式

```
c=2 * max(x, y);
```

函数调用出现在另一个表达式中，以函数返回值参与表达式的运算。这种方式要求函数是有返回值的。把 max(x，y)的返回值乘以 2 赋予变量 c。

3. 函数实参

m＝max(c，max(a，b))；

函数作为另一个函数调用的实际参数出现。这种情况是把该函数的返回值作为实参进行传送，因此要求该函数必须是有返回值的。例如：m＝max(c，max(a，b))，其中 max(a，b)是一次函数调用，将它的返回值作为另一次 max 调用的实参。例如：printf("%d"，max(x，y))，即是把 max 调用的返回值又作为 printf 函数的实参来使用的。

7.4.2 形式参数和实际参数

在函数的定义和调用过程中会涉及函数的参数，函数定义时的参数被称为形式参数(简称形参)，函数调用时的参数被称为实际参数(简称实参)。形参出现在函数定义中，在整个函数体内都可以使用，离开该函数则不能使用。实参出现在主调函数中，进入被调函数后，实参变量也不能使用。形参和实参的功能是作数据传送。发生函数调用时，主调函数把实参的值传送给被调函数的形参从而实现主调函数向被调函数的数据传送。

函数的形参和实参具有以下特点：

形参变量只有在被调用时才分配内存单元，在调用结束时，即刻释放所分配的内存单元。因此，形参只有在函数内部有效。函数调用结束返回主调函数后则不能再使用该形参变量。

实参可以是常量、变量、表达式、函数等，无论实参是何种类型的量，在进行函数调用时，它们都必须具有确定的值，以便把这些值传送给形参。因此应预先用赋值、输入等办法使实参获得确定值。

实参和形参在数量上、类型上、顺序上应严格一致，否则会发生"类型不匹配"的错误。

注意：函数调用中发生的数据传送是单向的。即只能把实参的值传送给形参，而不能把形参的值反向地传送给实参。因此在函数调用过程中，形参的值发生改变，而实参中的值不会变化。

函数调用语句：c＝max(a，b)

函数定义为：

```
int max(int x, int y)
{   int z;
    x＝x+8；y＝y+12；
    z＝x>y? x：y；
    return(z)；
}
```

其中 a 的值为 2，b 的值为 3。

参数传递过程如图 7.4.1 所示。

调用结束后，a，b 的值不变。

【例 7.4.1】函数调用(1)。

```
main()
{
```

普通高等教育『十三五』规划教材

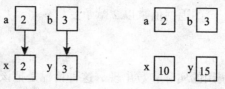

图 7.4.1 单向值传递

```
    int n;
    printf("input number \ n");
    scanf("%d", &n);
    s(n);
    printf("n=%d \ n", n);
}
void s(int n)
{
    int i;
    for(i=n-1; i>=1; i--)
        n=n+i;
    printf("n=%d \ n", n);
}
```

本程序中定义了一个函数 s，该函数的功能是求 ∑n_i 的值。在主函数中输入 n 值，并作为实参，在调用时传送给 s 函数的形参量 n（注意，本例的形参变量和实参变量的标识符都为 n，但这是两个不同的量，各自的作用域不同）。在主函数中用 printf 语句输出一次 n 值，这个 n 值是实参 n 的值。在函数 s 中也用 printf 语句输出了一次 n 值，这个 n 值是形参最后取得的 n 值。从运行情况看，若输入 n 值为 100，即实参 n 的值为 100。把此值传给函数 s 时，形参 n 的初值也为 100，在执行函数过程中，形参 n 的值变为 5050。返回主函数之后，输出实参 n 的值仍为 100。可见实参的值不随形参的变化而变化。

7.4.3 函数的返回值

函数的值（或称函数返回值）是指函数被调用之后，执行函数体中的程序段所取得的并返回给主调函数的值。对函数的值有以下一些说明：

函数的值只能通过 return 语句返回主调函数。return 语句的一般形式为：

return 表达式；

或者为：

return（表达式）；

该语句的功能是计算表达式的值，并返回给主调函数。在函数中允许有多个 return 语句，但每次调用只能有一个 return 语句被执行，因此只能返回一个函数值。如果想从函数中带回多个值，可以采用的方式有两种：①使用指针变量，通过地址传递；②使用全局变量。后面将会介绍这些内容。

如函数值为整型，在函数定义时可以省去类型说明。

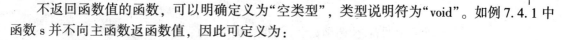

不返回函数值的函数，可以明确定义为"空类型"，类型说明符为"void"。如例7.4.1中函数 s 并不向主函数返函数值，因此可定义为：

```
void s(int n)
{……
}
```

一旦函数被定义为空类型后，就不能在主调函数中使用被调函数的函数值了。例如，在定义 s 为空类型后，在主函数中写下述语句 sum=s(n); 就是错误的。为了使程序有良好的可读性并减少出错，凡不要求返回值的函数都应定义为空类型。

函数值的类型和函数定义中函数的类型应保持一致。如果两者不一致，则以函数类型为准，自动进行类型转换。

【例7.4.2】函数调用(2)。

```
int add(float x, float y)
{   float z;
    z=x+y;
    return(z);
}
main()
{
    int c;
    float a, b;
    scanf("%f,%f", &a, &b);
    c=add(a, b);
    printf("sum is %d" c);
}
```

运行结果：1.5, 2.6

sum is 4

程序分析：add 函数的形参是 float 型，今实参也是 float 型，在 main 函数中输入给 a 和 b 的值是 1.5 和 2.6。在调用 add(a, b)时把 a 和 b 的值 1.5 和 2.6 传递给 x 和 y。执行函数结束变量 z 的值为 4.1。现在出现了矛盾，要求函数返回值为 int，而 return 语句中变量 z 为 float，二者不一致，怎么处理？按上述规则，则以函数类型为准，自动进行类型转换，将 4.1 转换为 4 赋值给主调函数中的变量 c。

思考：如果将 main 函数中的变量 c 改为 float 型，用%f 格式符输出，最终显示结果是多少？

7.4.4　被调用函数的声明和函数原型

在主调函数中调用某函数之前应对该被调函数进行说明(声明)，这与使用变量之前要先进行变量说明是一样的。在主调函数中对被调函数作说明的目的是使编译系统知道被调函数返回值的类型，以便在主调函数中按此种类型对返回值作相应的处理。

其一般形式为：

类型说明符 被调函数名(类型 形参，类型 形参…)；

或为：

类型说明符 被调函数名(类型，类型…)；

括号内给出了形参的类型和形参名，或只给出形参类型。这便于编译系统进行检错，以防止可能出现的错误。

注意：对函数的"定义"和"声明"不是同一回事。函数的定义是指对函数功能的确立，包括指定函数名、函数值类型、形参及类型以及函数体等，它是一个完整的、独立的函数单元。而函数的声明作用是把函数的名字、类型、形参类型个数和顺序通知编译系统，没有函数体部分。

【例7.4.3】通过 max 函数比较两数大小，输出较大的数字。

```c
void main( )
{
    int max(int a, int b);  //声明
    int x, y, z;
    printf("input two numbers：\n");
    scanf("%d%d", &x, &y);
    z=max(x, y);
    printf("maxmum=%d", z);
}
int max(int a, int b)
{
    if(a>b) return a;
    else return b;
}
```

【例7.4.4】输出 7 之内的数字金字塔。要求定义和调用函数 pyramid (int n)输出数字金字塔。

```c
#include <stdio.h>
void main( )
{
    void pyramid (int n);  /* 函数声明 */
    pyramid(7);  /* 调用函数，输出数字金字塔 */
}
void pyramid (int n)/* 函数定义 */
{
    int i, j;
    for (i = 1; i <= n; i++)
                            /* 需要输出的行数 */
        for (j = 1; j <= n-i; j++)/* 输出每行左边的空格 */
            printf(" ");
        for (j = 1; j <= i; j++)/* 输出每行的数字 */
            printf("%d ", i);       /* 每个数字后有一个空格 */
```

```
            putchar ('\n');
        }
}
```

程序运行结果如下所示：

```
        1
       2 2
      3 3 3
     4 4 4 4
    5 5 5 5 5
   6 6 6 6 6 6
  7 7 7 7 7 7 7
```

C 语言中又规定在以下几种情况时可以省去主调函数中对被调函数的函数说明：

如果被调函数的返回值是整型时，可以不对被调函数作说明，而直接调用。

当被调函数的定义出现在主调函数之前时，在主调函数中也可以不对被调函数再作说明而直接调用。例如例 7.4.3 中，如果函数 max 的定义放在 main 函数之前，即可在 main 函数中省去对 max 函数的函数说明 int max(int a，int b)，如例 7.4.5 所示。

【例7.4.5】int max(int a，int b)

```
{
    if(a>b) return a;
    else return b;
}
main( )
{
    int x，y，z;            //不用声明
    printf("input two numbers: \n");
    scanf("%d%d"，&x，&y);
    z=max(x，y);
    printf("maxmum=%d"，z);
}
```

如在所有函数定义之前，在函数外预先说明了各个函数的类型，则在以后的各主调函数中，可不再对被调函数作说明。例如：

```
char str(int a);
float f(float b);
main( )
{
    ......
}
char str(int a)
{
    ......
```

```
}
float f(float b)
{
……
}
```

其中第一、二行对 str 函数和 f 函数预先作了说明。因此在以后各函数中无须对 str 和 f 函数再作说明就可直接调用。

对库函数的调用不需要再作说明，但必须把该函数的头文件用 include 命令包含在源文件前部。

7.4.5 函数的嵌套调用

C 语言中不允许作嵌套的函数定义。因此各函数之间是平行的，不存在上一级函数和下一级函数的问题。但是 C 语言允许在一个函数的定义中出现对另一个函数的调用。这样就出现了函数的嵌套调用，即在被调函数中又调用其他函数。这与其他语言的子程序嵌套的情形是类似的，其关系可表示如图 7.4.2 所示。

下面的程序段包含有函数的嵌套调用。

```
int a( );        /*声明 a( )函数*/
int b( );        /*声明 b( )函数*/
main( )
{
    ⋮
    m=a( );        /*调用函数 a( )*/
}
int a( )
{
    ⋮
    k=b( );        /*嵌套调用函数 b( )*/
}
int b( )
{
    ⋮
}
```

图 7.4.2 表示了两层嵌套的情形。其执行过程是：执行 main 函数中调用 a 函数的语句时，即转去执行 a 函数，在 a 函数中调用 b 函数时，又转去执行 b 函数，b 函数执行完毕返回 a 函数的断点继续执行，a 函数执行完毕返回 main 函数的断点继续执行。

【例 7.4.6】输入三个整数，输出其中最大的那个数。

```
main( )
{
    int    max2(int x , int y) ;
    int    max3(int x, int y, int z) ;
```

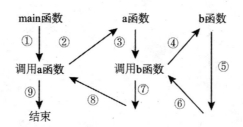

图 7.4.2　函数嵌套调用

```
    int a, b, c, max ;
scanf("%d,%d,%d", &a, &b, &c) ;
   max = max3(a, b, c) ;
   printf("max = %d \ n", max) ;
}
max3(int x, int y, int z)
{
    int k ;
    k = max2(x, y) ;
    if(z>k)   return (z) ;
    return   (k) ;
}
max2(int x , int y,)
{
    if(x>y)   return (x) ;
    else return (y) ;
}
```

【例 7.4.7】计算 $s = 2^2! + 3^2!$。

本题可编写两个函数,一个是用来计算平方值的函数 f1,另一个是用来计算阶乘值的函数 f2。主函数先调 f1 计算出平方值,再在 f1 中以平方值为实参,调用 f2 计算其阶乘值,然后返回 f1,再返回主函数,在循环程序中计算累加和。

```
long f1(int p)
{
    int k;
    long r;
    long f2(int) ;
    k = p * p ;
    r = f2(k) ;
    return r ;
}
long f2(int q)
```

```
    {
        long c = 1;
        int i;
        for(i = 1; i <= q; i++)
            c = c * i;
        return c;
    }
    main( )
    {
        int i;
        long s = 0;
        for (i = 2; i <= 3; i++)
            s = s + f1(i);
        printf(" \ ns = %ld \ n", s);
    }
```

在程序中，函数 f1 和 f2 均为长整型，都在主函数之前定义，故不必再在主函数中对 f1 和 f2 加以说明。在主程序中，执行循环程序依次把 i 值作为实参调用函数 f1 求 i^2 值。在 f1 中又发生对函数 f2 的调用，这时是把 i^2 的值作为实参去调 f2，在 f2 中完成求 $i^2!$ 的计算。f2 执行完毕把 C 值（即 $i^2!$）返回给 f1，再由 f1 返回主函数实现累加。至此，由函数的嵌套调用实现了题目的要求。由于数值很大，所以函数和一些变量的类型都说明为长整型，否则会造成计算错误。

7.4.6　函数的递归调用

一个函数在它的函数体内直接或间接调用它自身称为递归调用，这种函数称为递归函数。C 语言允许函数的递归调用，在递归调用中，主调函数又是被调函数。执行递归函数将反复调用其自身，每调用一次就进入新的一层。如图 7.4.3 所示。

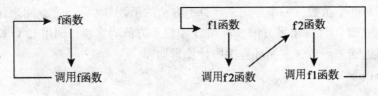

图 7.4.3　函数递归调用

在调用函数 f 的过程中，又要调用函数 f，这是直接调用本函数。如果在调用 f1 函数的过程中要调用 f2 函数，而在调用 f2 函数过程中又要调用 f1 函数，就是间接调用本函数。

例如有函数 f 如下：

```
    int f( int x)
    {
        int y;
```

```
        z=f(y);
        return z;
    }
```

这个函数是一个递归函数，但是运行该函数将无休止地调用其自身，这当然是不正确的。为了防止递归调用无终止地进行，必须在函数内有终止递归调用的手段。常用的办法是加条件判断，满足某种条件后就不再作递归调用，然后逐层返回。下面举例说明递归调用的执行过程。设计递归程序，一般可分为如下两个步骤：

(1)确定递归终止的条件；

(2)确定将一个问题转化成另一个问题的规律，即找到前后两项之间的规律，例如求 n!，前后两项之间的规律就是 n! = n * (n-1)!。

【例7.4.8】有5个人坐在一起，问第5个人多少岁，他说他比第4个人大3岁。问第4个人，他说他比第3个人大3岁。问第3个人，又说比第2个人大3岁。问第2个人，说比第1个人大3岁。最后问第1个人，他说是10岁。请问第5个人多大岁数？

问题分析：从题目可知，要想知道第5个人的年龄，就必须先知道第4个人的年龄，而第4个人的年龄也不知道，只有知道第3个人年龄才会知道第4个人的年龄，而第3个人的年龄又取决于第2个人的年龄，第2个人的年龄取决于第1个人的年龄。并且每个人的年龄都比其前一个人的年龄大3岁。如果用 age(1) 代表第1个人的年龄，则 age(2) 代表第2个人的年龄，…，age(n) 代表第 n 个人的年龄。由此，可以得到：

$$age(n) = age(n-1)+3$$
$$age(n-1) = age(n-2)+3$$
$$\vdots$$
$$age(5) = age(4)+3$$
$$age(4) = age(3)+3$$
$$age(3) = age(2)+3$$
$$age(2) = age(1)+3$$
$$age(1) = 10$$

如果用数学公式可以表述成：

$$age(n) = \begin{cases} 10 & (n=1) \\ age(n-1)+3 & (n>1) \end{cases}$$

可以看出，当 n>1 时，求第 n 个人的年龄的公式是相同的，可以用一个函数来表示上述关系。图7.4.4表示了求第5个人年龄的过程。该过程分为"递推过程"和"回代过程"。在"递推过程"中，要知道的第5个人的年龄，就去求第4个人的年龄，一直找下去，直到找到一个人的年龄是确切的值(第1个人的年龄为10岁)为止。这第1个人的年龄就是一个转折点，因此只要"回代"就可知道第2个人的年龄，再"回代"就可知道第3个人的年龄，依次递推，就可求出第5个人的年龄。

我们可以使用一个函数 age( ) 来实现递归过程，而递归的终止条件就是当 n=1 时，age(1) = 10。

```
age(int n)
{int r;
    if(n==1)r=10;
```

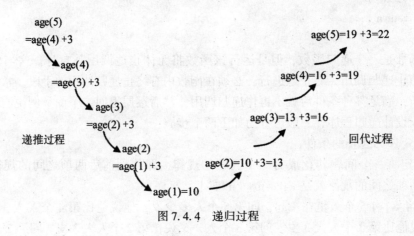

图 7.4.4　递归过程

```
    else   r=age(n-1)+3;
return(r);
}
main()
{ printf("第5个人的年龄为:%d", age(5));   }
```

程序运行结果如下所示:

第 5 个人的年龄为: 22

【例 7.4.9】用递归法计算 n!。

用递归法计算 n! 可用下述公式表示:

$$n! = 1 \qquad (n=0, 1)$$
$$n \times (n-1)! \qquad (n>1)$$

按公式可编程如下:

```
long ff(int n)
{
    long f;
    if(n<0) printf("n<0, input error");
    else if(n==0|| n==1) f=1;
    else f=ff(n-1) * n;
    return(f);
}
main()
{
    int n;
    long y;
    printf(" \ ninput a inteager number: \ n");
    scanf("%d", &n);
    y=ff(n);
```

```
        printf("%d! =%ld", n, y);
    }
```

程序中给出的函数 ff 是一个递归函数。主函数调用 ff 后即进入函数 ff 执行，如果 n<0，n==0 或 n=1 时都将结束函数的执行，否则就递归调用 ff 函数自身。由于每次递归调用的实参为 n-1，即把 n-1 的值赋予形参 n，最后当 n-1 的值为 1 时再作递归调用，形参 n 的值也为 1，将使递归终止。然后可逐层退回。

下面我们再举例说明该过程。设执行本程序时输入为 5，即求 5!。在主函数中的调用语句即为 y=ff(5)，进入 ff 函数后，由于 n=5，不等于 0 或 1，故应执行 f-ff(n-1)*n，即 f=ff(5-1)*5。该语句对 ff 作递归调用即 ff(4)。

进行四次递归调用后，ff 函数形参取得的值变为 1，故不再继续递归调用而开始逐层返回主调函数。ff(1) 的函数返回值为 1，ff(2) 的返回值为 1*2=2，ff(3) 的返回值为 2*3=6，ff(4) 的返回值为 6*4=24，最后返回值 ff(5) 为 24*5=120。

例 7.4.9 也可以不用递归的方法来完成。如可以用递推法，即从 1 开始乘以 2，再乘以 3…直到 n。递推法比递归法更容易理解和实现。但是有些问题则只能用递归算法才能实现。典型的问题是 Hanoi 塔问题。

【例 7.4.10】 Hanoi 塔问题。

一块板上有三根针，A，B，C。A 针上套有 64 个大小不等的圆盘，大的在下，小的在上。如图 7.4.5 所示。要把这 64 个圆盘从 A 针移动 C 针上，每次只能移动一个圆盘，移动可以借助 B 针进行。但在任何时候，任何针上的圆盘都必须保持大盘在下，小盘在上。求移动的步骤。

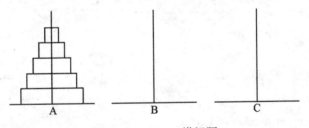

图 7.4.5　Hanoi 塔问题

本题算法分析如下：设 A 上有 n 个盘子。

如果 n=1，则将圆盘从 A 直接移动到 C。

如果 n=2，则：

(1)将 A 上的 n-1(等于 1)个圆盘移到 B 上；

(2)再将 A 上的一个圆盘移到 C 上；

(3)最后将 B 上的 n-1(等于 1)个圆盘移到 C 上。

如果 n=3，则：

A. 将 A 上的 n-1(等于 2，令其为 n`)个圆盘移到 B(借助于 C)，步骤如下：

①将 A 上的 n`-1(等于 1)个圆盘移到 C 上。

②将 A 上的一个圆盘移到 B。

③将 C 上的 n`-1(等于 1)个圆盘移到 B。

B. 将 A 上的一个圆盘移到 C。

C. 将 B 上的 n-1(等于 2，令其为 n`)个圆盘移到 C(借助 A)，步骤如下：

①将 B 上的 n`-1(等于 1)个圆盘移到 A。

②将 B 上的一个盘子移到 C。

③将 A 上的 n`-1(等于 1)个圆盘移到 C。

到此，完成了三个圆盘的移动过程。

从上面分析可以看出，当 n 大于等于 2 时，移动的过程可分解为三个步骤：

第一步　把 A 上的 n-1 个圆盘移到 B 上；

第二步　把 A 上的一个圆盘移到 C 上；

第三步　把 B 上的 n-1 个圆盘移到 C 上；其中第一步和第三步是类同的。

当 n=3 时，第一步和第三步又分解为类同的三步，即把 n`-1 个圆盘从一个针移到另一个针上，这里的 n`=n-1。显然这是一个递归过程，据此算法可编程如下：

```c
move(int n, int x, int y, int z)
{
    if(n==1)
        printf("%c-->%c\n", x, z);
    else
    {
        move(n-1, x, z, y);
        printf("%c-->%c\n", x, z);
        move(n-1, y, x, z);
    }
}
main()
{
    int h;
    printf("\ninput number：\n");
    scanf("%d", &h);
    printf("the step to moving %2d diskes：\n", h);
    move(h,'a','b','c');
}
```

从程序中可以看出，move 函数是一个递归函数，它有四个形参 n，x，y，z。n 表示圆盘数，x，y，z 分别表示三根针。move 函数的功能是把 x 上的 n 个圆盘移动到 z 上。当 n==1 时，直接把 x 上的圆盘移至 z 上，输出 x→z。如 n!=1 则分为三步：递归调用 move 函数，把 n-1 个圆盘从 x 移到 y；输出 x→z；递归调用 move 函数，把 n-1 个圆盘从 y 移到 z。在递归调用过程中 n=n-1，故 n 的值逐次递减，最后 n=1 时，终止递归，逐层返回。当 n=4 时程序运行的结果如下：

input number：

4

the step to moving 4 diskes：

```
a→b
a→c
b→c
a→b
c→a
c→b
a→b
a→c
b→c
b→a
c→a
b→c
a→b
a→c
b→c
```

7.5　数组与函数

数组可以作为函数的参数使用，进行数据传送。数组用做函数参数有两种形式，一种是把数组元素(下标变量)作为实参使用；另一种是把数组名作为函数的形参和实参使用。

7.5.1　数组元素作函数实参

数组元素就是下标变量，它与普通变量并无区别。因此它作为函数实参使用与普通变量是完全相同的，在发生函数调用时，把作为实参的数组元素的值传送给形参，实现单向的值传送。例7.5.1、例7.5.2说明了这种情况。

【例7.5.1】有两个数组a，b，各有10个元素，将它们对应地逐个相比(即a[0]与b[0]比……)，并分别统计出两个数组相应元素大于、等于、小于的次数。

```
large(int x, int y)
{
int flag;
   if(x>y) flag=1;
   else if(x<y) flag=-1;
   else flag=0;
   return(flag);
}
main( )
{
int a[10], b[10];
int i, n=0, m=0, k=0;
for(i=0; i<10; i++)
```

普通高等教育『十三五』规划教材

```
        scanf("%d%d", &a[i], &b[i]);
    for(i=0; i<10; i++)
    {
        if( large(a[i], b[i] )= =1) n=n+1;
        else if( large(a[i], b[i] )= =0) m=m+1;
        else k=k+1;
    }
    printf("%d,%d,%d \ n", n, m, k);
}
```

定义 2 个数组，并从键盘得到每个元素的数值，通过向函数 large(int x，int y)依次传递对应元素进行比较，并计数比较结果。

【例 7.5.2】判别一个整数数组中各元素的值，若大于 0 则输出该值，若小于等于 0 则输出 0 值。编程如下：

```
void nzp(int v)
{
    if(v>0)
        printf("%d ", v);
    else
        printf("%d ", 0);
}
main()
{
    int a[5], i;
    printf("input 5 numbers \ n");
    for(i=0; i<5; i++)
    {
        scanf("%d", &a[i]);
        nzp(a[i]);
    }
}
```

本程序中首先定义一个无返回值函数 nzp，并说明其形参 v 为整型变量。在函数体中根据 v 值输出相应的结果。在 main 函数中用一个 for 语句输入数组各元素，每输入一个就以该元素作实参调用一次 nzp 函数，即把 a[i]的值传送给形参 v，供 nzp 函数使用。

7.5.2　数组名作为函数参数

用数组名作函数参数与用数组元素作实参有以下几点不同：

用数组元素作实参时，只要数组类型和函数的形参变量的类型一致，那么作为下标变量的数组元素的类型也和函数形参变量的类型是一致的。因此，并不要求函数的形参也是下标变量。换句话说，对数组元素的处理是按普通变量对待的。用数组名作函数参数时，则要求形参和相对应的实参都必须是类型相同的数组，都必须有明确的数组说明。当形参和实参二者不一致时，即会发生错误。

在普通变量或下标变量作函数参数时，形参变量和实参变量是由编译系统分配的两个不同的内存单元。在函数调用时发生的值传送是把实参变量的值赋予形参变量。在用数组名作函数参数时，不是进行值的传送，即不是把实参数组的每一个元素的值都赋予形参数组的各个元素。因为实际上形参数组并不存在，编译系统不为形参数组分配内存。那么，数据的传送是如何实现的呢？在我们曾介绍过，数组名就是数组的首地址。因此在数组名作函数参数时所进行的传送只是地址的传送，也就是说把实参数组的首地址赋予形参数组名。形参数组名取得该首地址之后，也就等于有了实在的数组。实际上是形参数组和实参数组为同一数组，共同拥有一段内存空间，如图 7.5.1 所示。图中设 a 为实参数组，类型为整型。a 占有以 2000 为首地址的一块内存区。b 为形参数组名。当发生函数调用时，进行地址传送，把实参数组 a 的首地址传送给形参组名 b，于是 b 也取得该地址 2000。于是 a，b 两数组共同占有以 2000 为首地址的一段连续内存单元。从图中还可以看出 a 和 b 下标相同的元素实际上也占相同的两个内存单元（整型数组每个元素占二字节）。例如 a[0] 和 b[0] 都占用 2000 和 2001 单元，当然 a[0] 等于 b[0]，类推则有 a[i] 等于 b[i]。

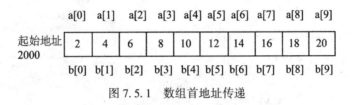

图 7.5.1 数组首地址传递

【例 7.5.3】数组 a 中存放了一个学生 5 门课程的成绩，求平均成绩。

```
float aver(float a[5])
{
    int i;
    float average, s=a[0];
    for(i=1; i<5; i++)
        s=s+a[i];
    average =s/5;
    return average;
}
void main()
{
    float sco[5], average;
    int i;
    printf(" \ n input 5 scores： \ n");
    for(i=0; i<5; i++)
        scanf("%f", &sco[i]);
    average =aver(sco);
    printf("average score is %5. 2f", average);
```

普通高等教育『十三五』规划教材

```
}
```

　　本程序首先定义了一个实型函数 aver，有一个形参为实型数组 a，长度为 5。在函数aver中，把各元素值相加求出平均值，返回给主函数。主函数 main 中首先完成数组 sco 的输入，然后以 sco 作为实参调用 aver 函数，函数返回值送 average，最后输出 average 值。从运行情况可以看出，程序实现了所要求的功能。

　　注意：前面已经讨论过，在变量作函数参数时，所进行的值传送是单向的。即只能从实参传向形参，不能从形参传回实参。形参的初值和实参相同，而形参的值发生改变后，实参并不变化，两者的终值是不同的。而当用数组名作函数参数时，情况则不同。由于实际上形参和实参为同一数组，因此当形参数组发生变化时，实参数组也随之变化。当然这种情况不能理解为发生了"双向"的值传递。但从实际情况来看，调用函数之后实参数组的值将由于形参数组值的变化而变化。为了说明这种情况，把例 7.5.2 改为例 7.5.4 的形式。

　　【例 7.5.4】 判别一个整数数组中各元素的值，若大于 0 则保留，若小于等于 0 则将该位置置为 0，要求改用数组名作函数参数。

```c
void nzp(int a[5])
{
    int i;
    printf(" \ nvalues of array a are： \ n");
    for(i=0; i<5; i++)
    {
        if(a[i]<=0) a[i]=0;
        printf("%d ", a[i]);
    }
}

main()
{
    int b[5], i;
    printf(" \ ninput 5 numbers： \ n");
    for(i=0; i<5; i++)
        scanf("%d", &b[i]);
    printf("initial values of array b are： \ n");
    for(i=0; i<5; i++)
        printf("%d ", b[i]);
    nzp(b);
    printf(" \ nlast values of array b are： \ n");
    for(i=0; i<5; i++)
        printf("%d ", b[i]);
}
```

　　本程序中函数 nzp 的形参为整数组 a，长度为 5。主函数中实参数组 b 也为整型，长度也为 5。在主函数中首先输入数组 b 的值，然后输出数组 b 的初始值。然后以数组名 b 为实参调用 nzp 函数。在 nzp 中，按要求把负值单元清 0，并输出形参数组 a 的值。返回主函数

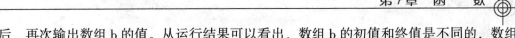

之后，再次输出数组 b 的值。从运行结果可以看出，数组 b 的初值和终值是不同的，数组 b 的终值和数组 a 是相同的。这说明实参形参为同一数组，它们的值同时得以改变。

用数组名作为函数参数时还应注意以下几点：

形参数组和实参数组的类型必须一致，否则将引起错误。

形参数组和实参数组的长度可以不相同，因为在调用时，只传送首地址而不检查形参数组的长度。当形参数组的长度与实参数组不一致时，虽不至于出现语法错误（编译能通过），但程序执行结果将与实际不符，这是应予以注意的。

【例 7.5.5】在例 7.5.4 中，如果需要处理 8 个数据，则 nzp( ) 函数需要修改如下：

```c
void nzp( int a[8])
{
    int i;
    printf( " \ nvalues of array aare： \ n" );
    for(i=0; i<8; i++)
    {
        if( a[i]<=0)a[i]=0;
        printf("%d ", a[i]);
    }
}
```

可见函数的通用性不强。为了提高函数的通用性，C 语言允许不给出形参数组的长度，用一个变量来表示数组元素的个数。可以写为

```c
void nzp( int a[], int n)
```

其中形参数组 a 没有给出长度，而由 n 值动态地表示数组的长度，n 的值由主调函数的实参进行传送。由此，例 7.5.5 又可改为例 7.5.6 的形式。

【例 7.5.6】改写。

```c
void nzp( int a[], int n)
{
    int i;
    printf( " \ nvalues of array a are： \ n" );
    for(i=0; i<n; i++)
    {
        if( a[i]<=0) a[i]=0;
        printf("%d ", a[i]);
    }
}
main( )
{
    int b[8], i;
    printf( " \ ninput 8 numbers： \ n" );
    for(i=0; i<8; i++)
        scanf("%d", &b[i]);
```

```
        printf("initial values of array b are： \ n");
        for(i=0; i<8; i++)
          printf("%d ", b[i]);
        nzp(b, 8);
        printf(" \ nlast values of array b are： \ n");
        for(i=0; i<8; i++)
          printf("%d ", b[i]);
   }
```

本程序 nzp 函数形参数组 a 没有给出长度，由 n 动态确定该长度。在 main 函数中，函数调用语句为 nzp(b, 8)，其中实参 8 将赋予形参 n 作为形参数组的长度。

也可以用符号常量控制形参数组的长度。

【例 7.5.7】从键盘输入 10 个整数，通过调用一个函数将这 10 个数使用直接选择排序法从小到大排序，再输出这 10 个整数。

分析：本例中要求有两个函数，子函数 sort() 用于将 10 个数排序，主函数负责输入和输出 10 个整数。

```
#include <stdio. h>
#define N    10
void sort(int a[])    /* 对 10 个整数进行直接选择排序 */
{  int i, j, k, temp;
   for(i=0; i<N; i++)
   {  k=i;
      for(j=i+1; j<N; j++)
        if(a[i]>a[j])k=j;
      if(k! =i) /* 如果最小值不是下标为 i 的元素，交换最小值和当前位置的值 */
        { temp=a[i]; a[i]=a[k]; a[k]=temp; }
   }
}

main()
{  int i, arr[N];
   printf("请输入 10 个整数： \ n");
   for(i=0; i<N; i++)   scanf("%d", &arr[i]);
   sort(arr);          /* 调用排序函数，用一维数组名作为实参 */
   printf(" \ n 排序后的 10 整数是： \ n");
   for(i=0; i<N; i++)
   {    printf("%d ", arr[i]);
        if((i+1)%5==0)printf(" \ n");   /* 每行输出 5 个整数 */
   }
}
```

在本例中，实参和形参都是使用的一维数组名，即一维数组的起始地址。实参向形参的传递的数据是一个地址。下面再看一个二维数组的数组名作为参数传递的例子。

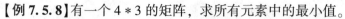

【例7.5.8】有一个4*3的矩阵，求所有元素中的最小值。

分析：本例可以通过两个函数来实现，子函数求最小值，而主函数负责输入输出矩阵中的值(二维数组元素值)。在这两个函数之间传递的数据是二维数组名。

```c
#include <stdio.h>
int   min_value(int a[ ][3])
{  int i, j, min;
   min=a[0][0];            /*先将第1个元素的值当成最小值*/
   for(i=0; i<4; i++)   /*将其他元素与最小值min进行比较，如果其他元素的值
比min小，就将其值赋值给min*/
     for(j=0; j<3; j++)
       if(a[i][j]<min)   min=a[i][j];
   return(min);
}
main()
{   int i, j, arr[4][3];
    printf("请输入4*3的矩阵\n");
    for(i=0; i<4; i++)
      for(j=0; j<3; j++)
        scanf("%d", &arr[i][j]);
    printf("\n矩阵中最小值为:%d", min_value(arr));
}
```

本例是用二维数组的名字作为实参和形参，需要注意的是：min_value()函数定义时，作为形参的二维数组第二维的长度不能省略。

7.6 局部变量和全局变量

在讨论函数的形参变量时曾经提到，形参变量只在被调用期间才分配内存单元，调用结束立即释放。这一点表明形参变量只有在函数内才是有效的，离开该函数就不能再使用了。这种变量有效性的范围称变量的作用域。不仅对于形参变量，C语言中所有的量都有自己的作用域。变量说明的方式不同，其作用域也不同，C语言中的变量，按作用域范围可分为两种，即局部变量和全局变量。

7.6.1 局部变量

局部变量也称为内部变量，局部变量是在函数内作定义说明的，其作用域仅限于函数内，离开该函数后再使用这种变量是非法的。

【例7.6.1】局部变量。

```c
float f1( int a)                 /*函数f1 */
{int b, c;
...                              /*a、b、c有效*/
}
```

```
char f2( int x, int y)          /*函数 f2*/
{int i, j;                      /*x、y、i、j 有效*/
}
void main( )                    /*主函数*/
{int m, n;
...                             /*m、n 有效*/
}
```

在函数 f1 内定义了三个变量，a 为形参，b，c 为一般变量。在 f1 的范围内 a，b，c 有效，或者说 a，b，c 变量的作用域限于 f1 内。同理，x，y，z 的作用域限于 f2 内。m，n 的作用域限于 main 函数内。关于局部变量的作用域还要说明以下几点：

主函数中定义的变量也只能在主函数中使用，不能在其他函数中使用。同时，主函数中也不能使用其他函数中定义的变量。因为主函数也是一个函数，它与其他函数是平行关系。这一点是与其他语言不同的，应予以注意。

形参变量是属于被调函数的局部变量，实参变量是属于主调函数的局部变量。

允许在不同的函数中使用相同的变量名，它们代表不同的对象，分配不同的单元，互不干扰，也不会发生混淆。如在前例中，形参和实参的变量名都为 n，是完全允许的。

在复合语句中也可定义变量，其作用域只在复合语句范围内。

例如：

```
main( )
    {
    int s, a;
......
    {
    int b;
    s=a+b;
......                          /*b 作用域*/
    }
......                          /*s, a 作用域*/
    }
```

【例 7.6.2】 内部变量。

```
main( )
    {
    int i=2, j=3, k;
    k=i+j;
        {
        int k=8;
        printf("%d \ n", k);
        }
    printf("%d \ n", k);
    }
```

本程序在 main 中定义了 i，j，k 三个变量，其中 k 未赋初值。而在复合语句内又定义了一个变量 k，并赋初值为 8。应该注意这两个 k 不是同一个变量。在复合语句外由 main 定义的 k 起作用，而在复合语句内则由在复合语句内定义的 k 起作用。因此程序第 4 行的 k 为 main 所定义，其值应为 5。第 7 行输出 k 值，该行在复合语句内，由复合语句内定义的 k 起作用，其初值为 8，故输出值为 8，第 9 行输出 i，k 值。i 是在整个程序中有效的，第 7 行对 i 赋值为 3，故输出也为 3。而第 9 行已在复合语句之外，输出的 k 应为 main 所定义的 k，此 k 值由第 4 行已获得为 5，故输出也为 5。

7.6.2 全局变量

全局变量也称为外部变量，它是在函数外部定义的变量。全局变量不属于任何一个函数，它属于一个源程序文件。其作用域如下：从全局变量的定义位置开始，到本文件结束为止。全局变量可被作用域内的所有函数直接引用。

例如：

```
int p=1, q=5;                    //定义外部变量
float f1( int a)                  //定义函数 f1
{
   int b, c;                      //定义局部变量
   ⋮
}
char c1, c2;          //定义外部变量
char f2(int x, int y)    //定义函数 f2
{
   int i, j;
   ⋮
}
int main()              //主函数
{
   int m, n;
   ⋮
   return 0;
}
```

全局变量 p，q 的作用范围

全局变量 c1，c2 的作用范围

【例 7.6.3】输入正方体的长宽高 l，w，h。求体积及三个面 x * y，x * z，y * z 的面积。

```
int s1, s2, s3;
int vs( int a, int b, int c)
{
    int v;
    v=a * b * c;
    s1=a * b;
    s2=b * c;
    s3=a * c;
```

```
        return v;
    }
main()
    {
    int v, l, w, h;
    printf("\ninput length, width and height\n");
    scanf("%d%d%d", &l, &w, &h);
    v=vs(l, w, h);
    printf("\nv=%d, s1=%d, s2=%d, s3=%d\n", v, s1, s2, s3);
    }
```

【例 7.6.4】外部变量与局部变量同名。

```
int a=3, b=5;       /*a, b 为外部变量*/
max(int a, int b)       /*a, b 为局部变量*/
{int c;
 c=a>b? a: b;
 return(c);
}
main()
{
int a=8;            /*a 为局部变量*/
 printf("%d\n", max(a, b));
}
```

程序运行结果为 8 而不是 5。

注意：如果同一个源文件中，外部变量与局部变量同名，则在局部变量的作用范围内，外部变量被"屏蔽"，即它不起作用。

7.6.3　变量的存储类别

变量的存储分为动态存储方式与静态动态存储方式。

前面已经介绍了，从变量的作用域（即从空间）角度来分，可以分为全局变量和局部变量。从另一个角度，从变量值存在的作时间（即生存期）角度来分，可以分为静态存储方式和动态存储方式。

静态存储方式：是指在程序运行期间分配固定的存储空间的方式。

动态存储方式：是在程序运行期间根据需要进行动态的分配存储空间的方式。

用户存储空间可以分为三个部分：程序区；静态存储区；动态存储区。

用户区

程序区
静态存储区
动态存储区

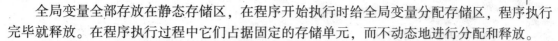

全局变量全部存放在静态存储区，在程序开始执行时给全局变量分配存储区，程序执行完毕就释放。在程序执行过程中它们占据固定的存储单元，而不动态地进行分配和释放。

动态存储区存放以下数据：函数形式参数；自动变量(未加 static 声明的局部变量)；函数调用时的现场保护和返回地址。

对以上这些数据，在函数开始调用时分配动态存储空间，函数结束时释放这些空间。在 C 语言中，每个变量和函数有两个属性：数据类型和数据的存储类别。变量的存储类别定义如下：

1. auto 变量

函数中的局部变量，如不专门声明为 static 存储类别，都是动态地分配存储空间的，数据存储在动态存储区中。函数中的形参和在函数中定义的变量(包括在复合语句中定义的变量)，都属此类，在调用该函数时系统会给它们分配存储空间，在函数调用结束时就自动释放这些存储空间。这类局部变量称为自动变量。自动变量用关键字 auto 作存储类别的声明。

例如：

```
int f( int a)          /*定义 f 函数, a 为参数*/
{auto int b, c=3;       /*定义 b, c 自动变量*/
……
}
```

a 是形参，b，c 是自动变量，对 c 赋初值 3。执行完 f 函数后，自动释放 a，b，c 所占的存储单元。关键字 auto 可以省略，auto 不写则隐含定为"自动存储类别"，属于动态存储方式。

2. register 变量

为了提高效率，C 语言允许将局部变量得值放在 CPU 中的寄存器中，这种变量叫"寄存器变量"，用关键字 register 作声明。

【例 7.6.5】使用寄存器变量。

```
int fac( int n)
{
register int i, f=1;
 for( i=1; i<=n; i++)
f=f*i;
 return( f);
}
main( )
{
int i;
 for( i=0; i<=5; i++)
 printf( "%d! =%d \ n", i, fac( i) );
}
```

说明：

只有局部自动变量和形式参数可以作为寄存器变量；

一个计算机系统中的寄存器数目有限，不能定义任意多个寄存器变量；

局部静态变量不能定义为寄存器变量。

3. 用 static 声明局部变量

有时希望函数中的局部变量的值在函数调用结束后不消失而保留原值，这时就应该指定局部变量为"静态局部变量"，用关键字 static 进行声明。

【例 7.6.6】考察静态局部变量的值。

```
f( int a)
{
auto b=0;
 static c=3;
 b=b+1;
 c=c+1;
 return(a+b+c);
}
main( )
{
int a=2, i;
 for(i=0; i<3; i++)
 printf("%d", f(a));
}
```

对静态局部变量的说明：

静态局部变量属于静态存储类别，在静态存储区内分配存储单元。在程序整个运行期间都不释放。而自动变量（即动态局部变量）属于动态存储类别，占动态存储空间，函数调用结束后即释放。

静态局部变量在编译时赋初值，即只赋初值一次；而对自动变量赋初值是在函数调用时进行，每调用一次函数重新给一次初值，相当于执行一次赋值语句。

如果在定义局部变量时不赋初值的话，则对静态局部变量来说，编译时自动赋初值 0（对数值型变量）或空字符（对字符变量）。而对自动变量来说，如果不赋初值则它的值是一个不确定的值。

【例 7.6.7】打印 1 到 5 的阶乘值。

```
int fac( int n)
{
static int f=1;
 f=f*n;
 return(f);
}
main( )
{
int i;
 for(i=1; i<=5; i++)
```

```
        printf("%d! =%d \ n", i, fac(i));
    }
```

上述几种存储类型的对比见表 7.6.1。

表 7.6.1 自动变量、静态变量和寄存器变量之间的差异

比较项目	auto 变量	static 变量	register 变量
适用条件	需要使用时定义	函数调用结束后，仍希望其值继续保留时	局部变量需要频繁使用时
存储位置	内存中的动态存储区	内存中的静态存储区	CPU 中的寄存器
声明方法	auto 数据类型。变量表列；如：auto int i, j;	static 数据类型变量表列；如：static int m, n;	register 数据类型 变量表列；如：register int i, j;
说明	(1)可以省略关键字 auto；(2)作用域与生存期相同	(1)尽管 static 变量在函数调用结束后仍然存在，但其他函数不能使用；(2)作用域与生存期不同	(1)只有局部变量和形参可以定义成 register；(2)尽量少用；(3)不能进行地址运算

7.7 实训5

结合前几个实训的内容，构造一个简单的图书管理系统，实现图书的添加、删除、排序等操作。

以下是部分代码：

```
//包含头文件
#include <stdio. h>
#include <io. h>
#include <stdlib. h>
#include <string. h>
//定义全局变量
int   n=0; //n 为当前的图书数量。
char  books[100][20];
//显示主菜单
void menu( )
{
    system("cls");
    printf(" \ n");
    printf(" \ t \ t \ t ***************************** \ n");
    printf(" \ t \ t \ t *                             * \ n");
    printf(" \ t \ t \ t * 图书信息管理系统            * \ n");
```

普通高等教育『十三五』规划教材

```
        printf("\t\t\t*                              *\n");
        printf("\t\t\t*    [0]退出                    *\n");
        printf("\t\t\t*    [1]查看所有图书信息         *\n");
        printf("\t\t\t*    [2]输入图书记录            *\n");
        printf("\t\t\t*    [3]删除图书记录            *\n");
        printf("\t\t\t*    [4]查询                    *\n");
printf("\t\t\t*    [5]排序                    *\n");
        printf("\t\t\t*                              *\n");
        printf("\t\t\t***************************** \n");
//查看所有图书信息
view_data()
{



}
//输入图书记录
add_data()
{



}
//删除图书记录
delete_data()
{




}
//查询图书信息
query_data()
{



}
//对图书进行排序
sort_data()
{
```

```
    }
void  main( )
    {
        int fun;
        while(1)
        {   menu( );
            printf("请输入功能号[0-5]:",  &fun);
            scanf("%d",  &fun);
              switch(fun)
            {
                case 0： // 退出
                    break;
                case 1： // 查看所有图书信息
                    view_data( );
                    break;
                case 2： // 输入图书记录
                    add_data( );
                    break;
                case 3： // 删除图书记录
                    delete_data( );
                    break;
                case 4： // 查询
                    query_data;
                    break;
case 5：              // 排序
                    sort_data;
                    break;
            }
            if(fun==0)  break;
        printf("\n\n\n按回车键返回主菜单...");
        getchar( );
        }
    }
```

习　题

1. 编写程序计算三角形面积。主函数中输入三条边的长度，计算三角形的面积由一个函数单独完成。如果不能构成三角形，则给出相应提示，否则输出面积。

2. 编写一个函数，将三个数按由小到大的顺序排列并输出。在 main 函数中输入三个

普通高等教育『十三五』规划教材

数，调用该函数完成三个数的排序。

3. 编写一个函数，函数的功能是求出所有在正整数 M 和 N 之间能被 5 整除，但不能被 3 整除的数并输出，其中 M<N。

4. 编写一个函数，判断一个数是否为素数。

5. 编写一个函数，由实参传来一个字符串，统计此字符串中字母、数字、空格和其他字符的个数。

6. 编写一个函数，用"起泡法"对输入的 10 个字符按由小到大的顺序排列。

7. 编写一个程序，输入若干个人员的姓名以及电话号码，以字符"＃"表示结束输入。然后输入姓名，查找该人的电话号码。

第8章 指 针

指针是 C 语言中的一个重要的概念，也是 C 语言的一个重要特色。运用指针可以有效地表示复杂的数据结构；可以动态分配内存；可以方便地使用字符串；可以方便地使用数组；可以在调用函数时得到多于一个的值；可以直接处理内存地址等。这对设计系统软件是很必要的。掌握指针的应用，可以使程序简洁、紧凑、高效。每一个学习和使用 C 语言的人，都应当深入地学习和掌握指针。可以说，不掌握指针就是没有掌握 C 语言的精华。

8.1 指针的基本概念

为了说清楚什么是指针，必须弄清楚数据在内存中是如何存储的，又是如何读取的。

如果在程序中定义了一个变量，在编译时就给这个变量分配内存单元。系统根据程序中定义的变量类型，分配一定长度的空间。例如，一般微机使用的 C 系统为整型变量分配 2 个字节，对实型变量分配 4 个字节，对字符型变量分配 1 个字节。内存区的每一个字节有一个编号，这就是地址，它相当于旅馆中的房间号。在地址所标志的内存单元中存放数据，相当于在旅馆的某个房间安排旅客一样。

一个内存单元的地址与内存单元的内容是两个不同的概念，正如旅馆的房间号码与旅客姓名是两个不同的对象一样。

如图 8.1.1 所示，假设程序已定义了 3 个整型变量 i、j、k，编译时系统分配 2000 和 2001 两个字节给变量 i，2002 和 2003 两字节给变量 j，2004 和 2005 两字节给变量 k。在程序中一般是通过变量名来对内存单元进行存取操作的。其实程序经过编译以后已经将变量名转换为变量的地址，对变量值的存取都是通过地址进行的。例如，printf("%d",i) 的执行是这样的：根据变量名与地址的对应关系（这个对应关系是在编译时确定的），找到变量 i 的地址 2000，然后从由 2000 开始的两个字节中取出数据（即变量的值 3），把它输出。输入时如果用 scanf("%d",&i)，在执行时，就把从键盘输入的值送到地址为 2000 开始的整型存储单元中。如果有语句"k=i+j"，则从字节为 2000 和 2001 的位置取出变量 i 的值(3)，再从字节为 2002 和 2003 的位置取出变量 j 的值(6)，把它们相加后的和(9)送到变量 k 所占用的字节为 2004 和 2005 的存储单元中。这种按变量地址存取变量的方式称为直接访问方式。

还可以采用另一种称为间接访问的方式，将变量 i 的地址存放在另一个变量中。按 C 语言的规定，可以在程序中定义整型变量、实型变量、字符变量等，也可以定义这样一种特殊的变量，它是存放地址的。假设我们定义了一个变量 i_pointer，用来存放整型变量的地址，它被分配在 3010、3011 字节位置。可以通过下面的语句将 i 的地址（2000）存放到 i_pointer 中。

i_pointer = &i;

这时，i_pointer 的值就是 2000，即变量 i 所占用单元的起始地址。要存取变量 i 的值，

普通高等教育『十三五』规划教材

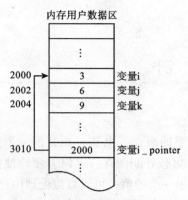

图 8.1.1　内存单元中的地址和内容

也可以采用间接方式：先找到存放 i 的地址的变量，从中取出 i 的地址（2000），然后到 2000、2001 字节取出 i 的值(3)。

打个比方，为了开一个 A 抽屉，有两种办法，一种是将 A 钥匙带在身上，需要时直接找出该钥匙打开抽屉，取出所需的东西。另一种办法是：为安全起见，将该 A 钥匙放到另一抽屉 B 中锁起来。如果需要打开 A 抽屉，就需要先找出 B 钥匙，打开 B 抽屉，取出 A 钥匙，再打开 A 抽屉，取出 A 抽屉中之物，这就是间接访问。图 8.1.2 是直接访问和间接访问的示意图。

为了表示将数值 3 送到变量中，可以有如下两种表达方式：

(1)将 3 送到变量 i 所标志的单元中，如图 8.1.2(a)所示。

(2)将 3 送到变量 i_pointer 所指向的单元(即 i 所标志的单元)中，如图 8.1.2(b)所示。

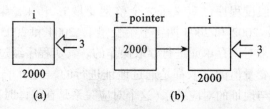

图 8.1.2　直接访问和间接访问的示意图

"指向"是通过地址来体现的。i_pointer 中的值为 2000，它是变量 i 的地址，这样就在 i_pointer 和变量 i 之间建立起一种联系，即通过 i_pointer 能知道 i 的地址，从而找到变量 i 的内存单元。图 8.1.2 中以箭头表示了这种"指向"关系。

由于通过地址能找到所需的变量单元，所以我们可以说，地址"指向"了该变量的存储单元(如同说，房间号"指向"某一房间一样)。因此在 C 语言中，将地址形象化地称为"指针"。意思是通过它能找到以它为地址的内存单元(例如，根据地址 2000 就能找到变量 i 的存储单元，从而读取其中的值)。一个变量的地址称为该变量的"指针"。例如，地址 2000 是变量 i 的指针。如果有一个变量专门用来存放另一变量的地址(即指针)，则它称为指针变量。上述的 i_pointer 就是一个指针变量。指针变量的值(即指针变量中存放的值)是指针(地址)。请区分"指针"和"指针变量"这两个概念。例如，可以说变量 i 的指针是 2000，而不能说 i 的指针变量是 2000。

8.2 变量与指针

如前所述,变量的指针就是变量的地址。存放变量地址的变量是指针变量,用来指向另一个变量。为了表示指针变量和它所指向的变量之间的联系,在程序中用"∗"符号表示"指向",例如,i_pointer 代表指针变量,而 ∗i_pointer 是 i_pointer 所指向的变量,见图 8.2.1。

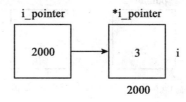

图 8.2.1 指针变量及其指向的变量

可以看到,∗i_pointer 也代表一个变量,它和变量 i 是同一回事。下面两个语句作用相同:

① i=3;

② ∗i_pointer=3;

第②个语句的含义是将 3 赋给指针变量 i_pointer 所指向的变量。

8.2.1 定义一个指针变量

C 语言规定所有变量在使用前必须定义,指定其类型,并按此分配内存单元。指针变量不同于整型变量和其他类型的变量,它是用来专门存放地址的。必须将它定义为"指针类型"。先看一个具体例子:

    int   i, j;
    int   ∗ pointer_1, ∗ pointer_2;

第 1 行定义了两个整型变量 i 和 j,第 2 行定义了两个指针变量:pointer_1 和 pointer_2,它们是指向整型变量的指针变量。左端的 int 是在定义指针变量时必须指定的基类型。指针变量的基类型用来指定该指针变量可以指向的变量的类型。例如,上面定义的指针变量 pointer_1 和 pointer_2 可以用来指向整型变量 i 和 j,但不能指向实型变量。

定义指针变量的一般形式为

基类型 ∗指针变量名;

下面都是合法的定义。

Float ∗ pointer_3;/∗ pointer_3 是指向实型变量的指针变量∗/

char ∗ pointer_4;/∗ pointer_4 是指向字符型变量的指针变量∗/

那么,怎样使一个指针变量指向另一个变量呢?下面用赋值语句使一个指针变量指向一个整型变量:

    pointer_1 = &i;

    pointer_2 = &j;

将变量 i 的地址存放到指针变量 pointer_1 中，因此 pointer_1 就"指向"了变量 i。同样，将变量 j 的地址存放到指针变量 pointer_2 中，因此 pointer_2 就"指向"了变量 j。见图 8.2.2。

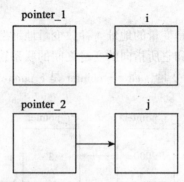

图 8.2.2　使指针变量指向变量

在定义指针变量时要注意以下两点：

(1)指针变量前面的"*"表示该变量的类型为指针型变量。其指针变量名是 pointer_1、pointer_2，而不是 * pointer_1、* pointer_2。

(2)在定义指针变量时必须指定基类型。有的读者认为既然指针变量是存放地址的，那么只需要指定其为"指针型变量"即可，为什么还要指定基类型呢？

我们知道整型数据和实型数据在内存中所占的字节数是不相同的(前者为 2 字节，后者为 4 字节)，而指针的移动和指针的运算(加、减)是以字节为单位的，如果指针是指向一个整型变量的话，那么"使指针移动 1 个位置"意味着移动 2 个字节，"使指针加 1"意味着使地址值加 2 个字节。如果指针是指向一个实型变量的话，则增加的不是 2 而是 4。因此必须规定指针变量所指向的变量类型，即基类型。一个指针变量只能指向同一个类型的变量。不能忽而指向一个整型变量，忽而指向一个实型变量。上面的定义中，表示 pointer_1 和 pointer_2 只能指向整型变量。

对上述指针变量的定义也可以这样理解：* pointer_1 和 * pointer_2 是整型变量，如同"int a，b;"定义了 a 和 b 是整型变量一样。而 * pointer_1 和 * pointer_2 是 pointer_1 和 pointer_2 所指向的变量，pointer_1 和 pointer_2 是指针变量。需要特别注意的是，只有整型变量的地址才能放到指向整型变量的指针变量中。

8.2.2　指针变量的引用

指针变量中只能存放地址(指针)，不要将一个整型量(或任何其他非地址类型的数据)赋给一个指针变量。下面的赋值是不合法的：

pointer_1 = 100;　　　/* pointer_1 为指针变量，100 为整数 */

指针变量的引用有两个有关的运算符：

& 取地址运算符

*指针运算符(或称"间接访问"运算符)

例如，&a 为变量 a 的地址，* p 为指针变量 p 所指向的存储单元。

【例 8.2.1】通过指针变量访问整型变量。

```
#include<stdio. h>
void main( )
{    int a, b;
     int * * pointer_1, * pointer_2;
     a=1000; b=100;
     pointer_1=&a;        /* 把变量 a 的地址赋给 pointer_1 */
     pointer_2=&b;        /* 把变量 b 的地址赋给 pointer_2 */
     printf( "%d,%d \ n", a, b);
     printf( "%d,%d \ n", * pointer_1, * pointer_2);
}
```

运行结果如下所示：

1000, 100

1000, 100

关于该程序，说明如下几点：

(1)在开头处虽然定义了两个指针变量 pointer_1 和 pointer_2，但它们并未指向任何一个整型变量。只是提供两个指针变量，规定它们可以指向整型变量。至于指向哪一个整型变量，要在程序语句中指定。程序第 6~7 行的作用就是使 pointer_1 指向 a，pointer_2 指向 b，见图 8.2.3。

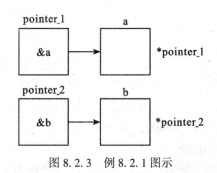

图 8.2.3 例 8.2.1 图示

此时 pointer_1 的值为 &a(即 a 的地址)，pointer_2 的值为 &b(即 b 的地址)。

(2)最后一行的 * pointer_1 和 * pointer_2 就是变量 a 和 b。最后两个 printf 函数的作用是相同的。

(3)程序中有两处出现 * pointer_1 和 * pointer_2，请区分它们的不同含义。程序第 4 行的 * pointer_1 和 * pointer_2 表示定义两个指针变量 pointer_1、pointer_2。它们前面的" * "只是表示该变量是指针变量。程序最后一行 printf 函数中的 * pointer_1 和 * pointer_2 则代表变量，即 pointer_1 和 pointer_2 所指向的变量。

(4)第 6~7 行"pointer_1=&a;"和"pointer_2=&b;"是将 a 和 b 的地址分别赋给 pointer_1 和 pointer_2。注意不应写成：" * pointer_1=&a;"和" * pointer_2=&b;"。因为 a 的地址是赋给指针变量 pointer_1，而不是赋给 * pointer_1(即变量 a)。请对照图 8.2.3 进行理解。

下面对"&"和" * "运算符再做些说明。

(1)如果已执行了"pointer_1=&a;"语句，那么 & * pointer_1 的含义是什么？"&"和

普通高等教育『十三五』规划教材

"∗"两个运算符的优先级别相同,按自右而左方向结合,先进行 ∗ pointer_1 的运算,它就是变量 a,再执行 & 运算可得出 & ∗ pointer_1 与 &a 相同,即 & ∗ pointer_1 就是变量 a 的地址。因此,如果有

pointer_2 = & ∗ pointer_1;

则它的作用就是将 &a(a 的地址)赋给 pointer_2。如果 pointer_2 原来指向 b,经过重新赋值后它已不再指向 b 了,也指向 a 了,如图 8.2.4(b)所示。

图 8.2.4(a)是原来的情况,图 8.2.4(b)是执行上述赋值语句后的情况。

(2) ∗&a 的含义是什么?先进行 &a 运算,得 a 的地址,再进行 ∗ 运算。即 &a 所指向的变量, ∗&a 和 ∗ pointer_1 的作用是一样的(假设已执行了"pointer_1 = &a"),它们等价于变量 a。即 ∗&a 与 a 等价,见图 8.2.5。

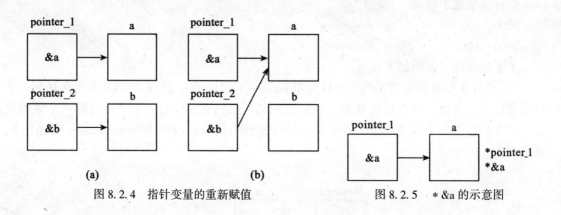

图 8.2.4 指针变量的重新赋值   图 8.2.5 ∗&a 的示意图

(3) (∗ pointer_1)++ 相当于 a++。注意括号是必要的,如果没有括号,就成了 ∗ pointer_1++, ++ 和 ∗ 为同一优先级别,而结合方向为自右而左,因此它相当于 ∗ (pointer_1++)。由于 ++ 在 pointer_1 的右侧,是"后加",因此先对 pointer_1 的原值进行 ∗ 运算,得到 a 的值,然后使 pointer_1 的值改变,这样 pointer_1 不再指向 a 了。

下面举一个指针变量应用的例子。

【例 8.2.2】输入 a 和 b 两个整数,按先大后小的顺序输出 a 和 b。

```c
#include<stdio.h>
void main()
{   int *p1, *p2, *p, a, b;
    scanf("%d,%d", &a, &b);
    p1 = &a; p2 = &b;
    if(a<b)
    {   p=p1; p1=p2; p2=p;}
        printf("\na=%d, b=%d\n", a, b);
        printf("max=%d, min=%d\n", *p1, *p2);
}
```

程序运行结果如下所示:

5, 6

a=5, b=6

max＝6，min＝5

当输入 a＝5，b＝6 时，由于 a<b，将 p1 和 p2 交换。交换前的情况如图 8.2.6(a)所示，交换后如图 8.2.6(b)所示。

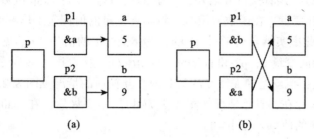

图 8.2.6　例 8.2.2 指针变量交换图示

关于该程序，还需说明一点。a 和 b 并未交换，它们仍保持原值，但 p1 和 p2 的值改变了。p1 的值原为 &a，后来变成 &b，p2 原值为 &b，后来变成 &a。这样在输出 ＊p1 和 ＊p2 时，实际上是输出变量 b 和 a 的值，所以先输出 6，然后输出 5。

8.2.3　指针变量作为函数参数

函数的参数不仅可以是整型、实型、字符型等数据，还可以是指针类型。它的作用是将一个变量的地址传送到另一个函数中。下面通过一个例子来说明。

【例 8.2.3】题目同例 8.2.2，即对输入的两个整数按大小顺序输出。

本例用函数处理，而且用指针类型的数据作函数参数。

```c
#include<stdio.h>
swap(int ＊p1，int ＊p2)
{   int temp;
    temp＝＊p1;
    ＊p1＝＊p2;
＊p2＝temp;
}
void main()
{   int a，b;
    int ＊pointer_1，＊pointer_2;
    scanf("%d,%d"，&a，&b);
    pointer_1＝&a;  pointer_2＝&b;
    if(a<b)   swap(pointer_1，pointer_2);
    printf("\n%d,%d\n"，a，b);
}
```

程序运行结果如下所示：

5，6

6，5

关于该程序，说明如下：

普通高等教育『十三五』规划教材

swap 是用户定义的函数，它的作用是交换两个变量(a 和 b)的值。swap 函数的两个形参 p1、p2 是指针变量。程序运行时，先执行 main 函数，输入 a 和 b 的值(今输入 5 和 6)。然后将 a 和 b 的地址分别赋给指针变量 pointer_1 和 pointer_2，使 pointer_1 指向 a，pointer_2 指向 b，见图 8.2.7(a)。接着执行 if 语句，由于 a<b，因此执行 swap 函数。注意实参 pointer_1 和 pointer_2 是指针变量，在函数调用时，将实参变量的值传送给形参变量。采取的依然是"值传递"方式。因此虚实结合后形参 p1 的值为 &a，p2 的值为 &b。见图 8.2.7(b)。这时 p1 和 pointer_1 都指向变量 a，p2 和 pointer_2 都指向 b。接着执行 swap 函数的函数体，使 *p1 和 *p2 的值互换，也就是使 a 和 b 的值互换。互换后的情况见图 8.2.7(c)。函数调用结束后，p1 和 p2 不复存在，具体情况如图 8.2.7(d)所示。最后，在 main 函数中输出的 a 和 b 的值已是经过交换的值(a=6，b=5)。

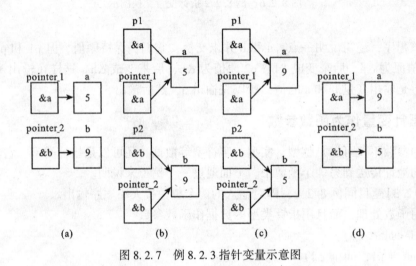

图 8.2.7　例 8.2.3 指针变量示意图

*p1 和 *p2 的值是如何实现交换的？如果写成以下形式就有问题了：

```
void swap(int * p1, int * p2)
  {int * temp;
* temp = * p1;        /* 此语句有问题 */
    p1 = * p2;
    p2 = * temp;
  }
```

p1 就是 a，是整型变量。而 *temp 是指针变量 temp 所指向的变量。但 temp 中并无确定的地址值，它的值是不可预见的。*temp 所指向的单元也是不可预见的。因此，对 *temp 赋值可能会破坏系统的正常工作状态。应该将 *p1 的值赋给一个整型变量，如例 8.2.3 所示那样，用整型变量 temp 作为临时辅助变量实现 *p1 和 *p2 的交换。

例 8.2.3 采取的方法是交换 a 和 b 的值，而 p1 和 p2 的值不变。这正好和例 8.2.2 相反。

可以看到，在执行 swap 函数后，变量 a 和 b 的值改变了。这个改变不是通过将形参值传回实参来实现的。请读者考虑一下能否通过下面的函数实现 a 和 b 互换。

swap(int x, int y)

```
{   int temp;
    temp=x;
    x=y;
    y=temp;
}
```

如果在 main 函数中用"swap(a, b);"调用 swap 函数,会有什么结果呢? 在函数调用时, a 的值传送给 x, b 的值传送给 y。执行完 swap 函数后, x 和 y 的值是互换了,但 main 函数中的 a 和 b 并未互换。也就是说,"值传递"方式为"单向传送",形参值的改变无法传给实参。

为了使在函数中改变了的变量值能被 main 函数所用,不能采取上述把要改变值的变量作为参数的办法,而应该用指针变量作为函数参数,在函数执行过程中使指针变量所指向的变量值发生变化,函数调用结束后,这些变量值的变化依然保留下来,这样就实现了"通过调用函数使变量的值发生变化,在主调函数(如 main 函数)中使用这些改变了的值"的目的。

如果想通过函数调用得到 n 个要改变的值,可以:①在主调函数中设 n 个变量,用 n 个指针变量指向它们;②然后将指针变量作实参,将这 n 个变量的地址传给所调用的函数的形参;③通过形参指针变量,改变该 n 个变量的值;④主调函数中就可以使用这些改变了值的变量。

不能企图通过改变指针形参的值而使指针实参的值改变。请看下面的程序:

```
#include<stdio.h>
void swap(int *p1, int *p2)
{   int * * p;
    p=p1;
    p1=p2;
    p2=p;
}

void main()
{   void swap(int *p1, int *p2);
    int a, b;
    int *pointer_1, *pointer_2;
    scanf("%d,%d", &a, &b);
    pointer_1=&a;
    pointer_2=&b;
    if(a<b)swap(pointer_1, pointer_2);
    printf(" \ n%d,%d \ n", *pointer_1, *pointer_2);
}
```

此程序的意图是:交换 pointer_1 和 pointer_2 的值,使 pointer_1 指向值大的变量。其设想是:①先使 pointer_1 指向 a, pointer_2 指向 b, 见图 8.2.8(a);②调用 swap 函数,将 pointer_1 的值传给 p1, pointer_2 传给 p2, 见图 8.2.8(b);③在 swap 函数中使 p1 与 p2 的值交换,见图 8.2.8(c);④形参 p1、p2 将地址传回实参 pointer_1 和 pointer_2,使 pointer_1 指向 b, pointer_2 指向 a, 见图 8.2.8(d)。

普通高等教育『十三五』规划教材

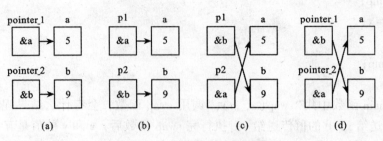

图 8.2.8　程序运行过程图示

然后输出 ∗ pointer_1 和 ∗ pointer_2，想得到输出"6，5"。

但是，这是办不到的，程序实际输出为"5，6"。问题出在第④步。C 语言中实参变量和形参变量之间的数据传递是单向的"值传递"方式。指针变量作函数参数也要遵循这一规则。调用函数不可能改变实参指针变量的值，但可以改变实参指针变量所指向变量的值。我们知道，函数的调用可以(而且只可以)得到一个返回值(即函数值)，而运用指针变量作参数，可以得到多个变化了的值。

【例 8.2.4】输入 a、b、c 三个整数，按大小顺序输出。

```c
#include<stdio.h>
void swap(int ∗pt1, int ∗pt2)
    {   int temp;
        temp = ∗pt1;
        ∗pt1 = ∗pt2;
        ∗pt2 = temp;
    }

void exchange(int ∗q1, int ∗q2, int ∗q3)
    {   void swap(int ∗pt1, int ∗pt2);
        if( ∗q1 < ∗q2)swap(q1, q2);
        if( ∗q1 < ∗q3)swap(q1, q3);
        if( ∗q2 < ∗q3)swap(q2, q3);
    }

void main()
    {   void exchange(int ∗q1, int ∗q2, int ∗q3)
        int a, b, c, ∗p1, ∗p2, ∗p3;
        scanf("%d,%d,%d", &a, &b, &c);
        p1 = &a; p2 = &b; p3 = &c;
        exchange(p1, p2, p3);
        printf(" \n%d,%d,%d \n", a, b, c);
    }
```

程序运行结果如下所示：

6, 0, 10

10, 6, 0

8.3 数组与指针

一个变量有地址，一个数组包含若干元素，每个数组元素都在内存中占用存储单元，它们都有相应的地址。指针变量既然可以指向变量，当然也可以指向数组和数组元素(把数组起始地址或某一元素的地址放到一个指针变量中)。所谓数组的指针是指数组的起始地址，数组元素的指针是数组元素的地址。

引用数组元素可以用下标法(如 a[3])，也可以用指针法，即通过指向数组元素的指针找到所需的元素。使用指针法能使目标程序质量更高(占内存少，运行速度快)。

8.3.1 指向数组元素的指针

定义一个指向数组元素的指针变量的方法，与以前介绍的指向变量的指针变量的方法相同。例如：

int a[10];   /* 定义 a 为包含 10 个整型数据的数组 */

int * p;   /* 定义 p 为指向整型变量的指针变量 */

如果数组为 int 型，则指针变量亦应指向 int 型。下面是对该指针变量赋值：

p=&a[0];

把 a[0]元素的地址赋给指针变量 p。也就是说，p 指向 a 数组的第 0 号元素，见图 8.3.1。

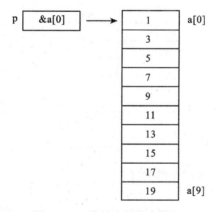

图 8.3.1 指针变量指向数组

C 语言规定数组名代表数组的首地址，也就是第 0 号元素的地址。因此，下面两个语句等价：

p=&a[0];

p=a;

数组 a 不代表整个数组，上述"p=a;"的作用是"把 a 数组的首地址赋给指针变量 p"，而不是"把数组 a 各元素的值赋给 p"。

在定义指针变量时可以赋给初值：

int * p=&a[0];

等效于

    int ＊p；

    p＝&a［0］；   /＊不是 ＊p＝&a［0］；＊/

当然定义时也可以写成

    int ＊p＝a；

它的作用是将 a 的首地址（即 a［0］的地址）赋给指针变量 p（而不是赋给＊p）。

8.3.2　通过指针引用数组元素

    p 为已定义的指针变量，并已给它赋了一个地址，使它指向某一个数组元素。以下赋值语句：

    ＊p＝1；

表示对 p 当前所指向的数组元素赋予一个值（值为 1）。按 C 的规定：如果指针变量 p 已指向数组中的一个元素，则 p+1 指向同一数组中的下一个元素（而不是将 p 值简单地加 1）。例如，数组元素是实型，每个元素占 4 个字节，则 p+1 意味着使 p 的值（地址）加 4 个字节，以使它指向下一元素。p+1 所代表的地址实际上是 p+1×D，D 是一个数组元素所占的字节数（在 Turbo C 中，对 int 型，D＝2；对 float 和 long 型，D＝4；对 char 型，D＝1。在 Visual C++6.0 中，对 int、long、float 型，D＝4；对 char 型，D＝1）。

    以下三点是以 p 的初值为 &a［0］为前提进行讲解的：

    （1）p+i 和 a+i 就是 a［i］的地址，或者说，它们指向 a 数组的第 i 个元素，见图 8.3.2。

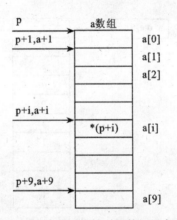

图 8.3.2　通过指针引用数组元素

    这里需要说明的是 a 代表数组首地址，a+i 也是地址，它的计算方法同 p+i，即它的实际地址为 a+i×D。例如，p+6 和 a+6 的值是 &a［6］，它指向 a［6］。

    （2）＊（p+i）或 ＊（a+i）是 p+i 或 a+i 所指向的数组元素，即 a［i］。例如，＊（p+5）或 ＊（a+5）就是 a［5］。即 ＊（p+5）＝＊（a+5）＝a［5］。实际上，在编译时，对数组元素 a［i］就是处理成 ＊（a+i），即按数组首地址加上相对位移量得到要找的元素的地址，然后找出该单元中的内容。例如，若数组 a 的首地址为 1000，设数组为整型，则 a［3］的地址是这样计算出来的：1000+3×2＝1006，然后从 1006 地址所标志的整型单元取出元素的值，即 a［3］的值。可以看出，［ ］实际上是变址运算符，即将 a［i］按 a+i 计算地址，然后找出此地址单元中的值。

(3)指向数组的指针变量也可以带下标,如 p[i] 与 *(p+i)等价。因此,引用一个数组元素,可以用下标法和指针法。例如:

a[i]   /* 下标法 */

*(a+i)或 *(p+i)/* 指针法 */

其中 a 是数组名,p 是指向数组的指针变量,其初值 p=a。

【例 8.3.1】输出数组中的全部元素。假设有一个数组 a,整型,有 10 个元素。要输出各元素的值有如下三种方法:

(1)下标法。

```c
#include<stdio. h>
void main( )
    {   int a[10];
        int  i;
        for(i=0; i<10; i++)
        scanf("%d", &a[i]);
        printf(" \ n");
        for(i=0; i<10; i++)
        printf("%d", a[i]);
    }
```

(2)通过数组名计算数组元素的地址,找出元素的值的方法。

```c
#include<stdio. h>
void main( )
{   int a[10];
    int i;
    for(i=0; i<10; i++)
    scanf("%d", &a[i]);
    printf(" \ n");
    for(i=0; i<10; i++)
    printf("%d", *(a+i));
}
```

(3)用指针变量指向数组元素的方法。

```c
#include<stdio. h>
void main( )
{   int a[10], *p, i;
    for(i=0; i<10; i++)
    scanf("%d", &a[i]);
    printf(" \ n");
    for(p=a; p<(a+10); p++)
    printf("%d ", *p);
}
```

以上三个程序的运行结果均如下所示：

1 2 3 4 5 6 7 8 6 0

1 2 3 4 5 6 7 8 6 0

对以上三种方法的比较如下所述。

(1)例8.3.1的第(1)和(2)种方法执行效率是相同的。C 编译系统是将 a[i]转换为 *(a+i)处理的。即先计算元素地址。因此用第(1)和(2)种方法找数组元素费时较多。

(2)第(3)种方法比(1)、(2)法快，用指针变量直接指向元素，不必每次都重新计算地址，像 p++这样的自加操作是比较快的。这种有规律地改变地址值(p++)能大大提高执行效率。

(3)用下标法比较直观，能直接知道是第几个元素。例如，a[5]是数组中序号为 5 的元素(序号从 0 算起)。用地址法或指针变量的方法不直观，难以很快地判断出当前处理的是哪一个元素。例如第(3)种方法所在的程序，要仔细分析指针变量 p 的当前指向，才能判断当前输出的是第几个元素。

在使用指针变量时，有下述几个问题要注意。

(1)指针变量可以实现使自身的值改变。例如，上述第(3)种方法是用指针变量 p 来指向元素，用 p++使 p 的值不断改变，这是合法的。如果不用 p 而使 a 变化(例如，用 a++)是不行的。假如将上述程序(3)的最后两行改为

```
for(p=a; a<(p+10); a++)
printf("%d", * a);
```

则结果就会出错。因为 a 是数组名，它是数组首地址，它的值在程序运行期间是固定不变的，是常量。a++是违法的。

(2)要注意指针变量的当前值。请看下面的程序。

【例8.3.2】通过指针变量输出 a 数组的 10 个元素。

有人编写出以下程序：

```
#include<stdio. h>
void main( )
{   int * p, i, a[10];
    p=a;
    for(i=0; i<10; i++)
    scanf("%d", p++);
    printf(" \ n");
    for(i=0; i<10; i++, p++)
    printf("%d", * p);
}
```

这个程序乍看起来好像没有什么问题。有的人即使已被告知此程序有问题，还是找不出它有什么问题。为此，让我们先看一下运行情况：

1 2 3 4 5 6 7 8 6 0

22153 234 0 0 30036 25202 11631 8256 8237 28483

显然输出的数值并不是数组 a 中各元素的值。原因是指针变量的初始值为数组 a 首地址(见图 8.3.3 中的①)，但经过第一个 for 循环读入数据后，p 已指向数组 a 的末尾(见图

8.3.3 中的②)。

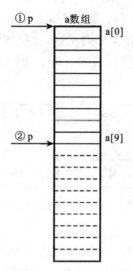

图8.3.3 例8.3.2数组指针示意图

因此，在执行第二个 for 循环时，p 的起始值不是 &a[0]了，而是 a+10。

因为执行循环时，每次要执行 p++，p 指向的是 a 数组下面的 10 个元素，而这些存储单元中的值是不可预料的。要解决这个问题，只需在第二个 for 循环之前加一个赋值语句，使 p 的初始值回到 &a[0]就可以了。

```c
#include<stdio.h>
void main()
{   int *p, i, a[10];
    p=a;
    for(i=0; i<10; i++)
    scanf("%d", p++);
    printf("\n");
    p=a;
    for(i=0; i<10; i++, p++)
    printf("%d ", *p);
}
```

程序运行结果如下所示：

1 2 3 4 5 6 7 8 6 0

1 2 3 4 5 6 7 8 6 0

8.3.3 多维数组与指针

用指针变量可以指向一维数组中的元素，也可以指向多维数组。但在概念上和使用上，多维数组的指针比一维数组的指针要复杂一些。

1. 多维数组元素的地址

为了说清楚指向多维数组元素的指针，先回顾一下多维数组的性质。有一个二维数组

普通高等教育『十三五』规划教材

a，它有 3 行 4 列。其定义为

int a[3][4]={{1, 3, 5, 7}, {6, 11, 13, 15}, {17, 16, 21, 23}};

a 是一个数组名。a 数组包含 3 行，即 3 个元素：a[0]，a[1]，a[2]。而每一元素又是一个一维数组，各包含 4 个元素（即 4 个列元素），例如，a[0]所代表的一维数组包含 4 个元素：a[0][0]，a[0][1]，a[0][2]，a[0][3]，见图 8.3.4。

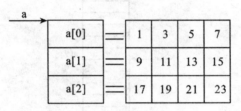

图 8.3.4　二维数组 a 示意图

从二维数组的角度来看，a 代表二维数组的首地址，也就是第 0 行的首地址。a+1 代表第 1 行的首地址。如果二维数组的首地址为 2000，则在 Turbo C 中，a+1 为 2008，因为第 0 行有 4 个整型数据，因此 a+1 的含义是 a[1]的地址，即 a+4×2=2008。a+2 代表第 2 行的首地址，它的值是 2016，见图 8.3.5。

a[0]、a[1]、a[2]既然是一维数组名，而 C 语言又规定了数组名代表数组的首地址，因此 a[0]代表第 0 行一维数组中第 0 列元素的地址，即 &a[0][0]。a[1]的值是 &a[1][0]，a[2]的值是 &a[2][0]。

那么第 0 行第 1 列元素的地址怎么表示？可以用 a[0]+1 来表示，见图 8.3.6。

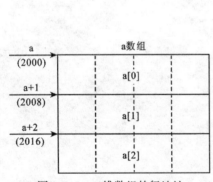

图 8.3.5　二维数组的行地址

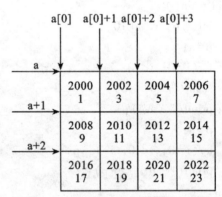

图 8.3.6　利用行地址表示数组元素

此时"a[0]+1"中的 1 代表 1 个列元素的字节数，即 2 个字节。今 a[0]的值是 2000，a[0]+1 的值是 2002（而不是 2008）。这是因为现在是在一维数组范围内讨论问题的，正如有一个一维数组 x，x+1 是其第 1 个元素 x[1]的地址一样。a[0]+0、a[0]+1、a[0]+2、a[0]+3 分别是 a[0][0]、a[0][1]、a[0][2]、a[0][3]的地址（即 &a[0][0]、&a[0][1]、&a[0][2]、&a[0][3]）。前已述及，a[0]和 *(a+0)等价，a[1]和 *(a+1)等价，a[i]和 *(a+i)等价。因此，a[0]+1 和(a+0)+1 的值都是 &a[0][1]（即图 8.3.6 中的 2002）。a[1]+2 和 *(a+1)+2 的值都是 &a[1][2]（即图中的 2012）。不要将 *(a+1)+2 错写成 *

(a+1+2)，后者变成 *(a+3)，相当于 a[3]。

　　进一步分析，欲得到 a[0][1] 的值，用地址法怎么表示呢？既然 a[0]+1 和 *(a+0)+1 是 a[0][1] 的地址，那么，*(a[0]+1) 就是 a[0][1] 的值。同理，*(*(a+0)+1) 或 *(*a+1) 也是 a[0][1] 的值。*(a[i]+j) 或 *(*(a+i)+j) 是 a[i][j] 的值。*(a+i) 和 a[i] 是等价的。

　　有必要对 a[i] 的性质做进一步说明。a[i] 从形式上看是数组 a 中序号为 i 的元素。如果 a 是一维数组名，则 a[i] 代表数组 a 序号为 i 的元素所占的内存单元的内容。a[i] 是有物理地址的，是占内存单元的。但如果 a 是二维数组，则 a[i] 是代表一维数组名。它只是一个地址，并不代表某一元素的值(如同一维数组名只是一个指针变量一样)。a、a+i、*(a+i)、*(a+i)+j、a[i]+j 都是地址。而 *(a[i]+j) 和 *(*(a+i)+j) 是二维数组元素 a[i][j] 的值。

　　阅读下面的程序，可以加深理解。

【例 8.3.3】输出二维数组有关的值。

```
#include<stdio. h>
#define FORMAT  "%d,%d \ n"
void main( )
{   int a[3][4]={1, 3, 5, 7, 6, 11, 13, 15, 17, 16, 21, 23};
    printf(FORMAT, a, *a);
    printf(FORMAT, a[0], *(a+0));
    printf(FORMAT, &a[0], &a[0][0]);
    printf(FORMAT, a[1], a+1);
    printf(FORMAT, &a[1][0], *(a+1)+0);
    printf(FORMAT, a[2], *(a+2));
    printf(FORMAT, &a[2], a+2);
    printf(FORMAT, a[1][0], *(*(a+1)+0));
}
```

某一次运行结果如下所示：

```
158, 158      (第 0 行首地址和 0 行 0 列元素地址)
158, 158      (0 行 0 列元素地址)
158, 158      (0 行首地址和 0 行 0 列元素地址)
166, 166      (1 行 0 列元素地址和 1 行首地址)
166, 166      (1 行 0 列元素地址)
174, 174      (2 行 0 列元素地址)
174, 174      (第 2 行首地址)
6, 6          (1 行 0 列元素的值)
```

a 是二维数组名，代表数组首地址，但不能企图用 *a 来得到 a[0][0] 的值。*a 相当于 *(a+0)，即 a[0]，它是第 0 行地址(本次程序运行时输出 a、a[0] 和 *a 的值都是 158，都是地址。注意：每次编译分配的地址是不同的)。a 是指向一维数组的指针，可理解为行指针，*a 是指向列元素的指针，可理解为列指针，指向 0 行 0 列元素，**a 是 0 行 0 列元素的值。同样，a+1 指向第 1 行首地址，但也不能企图用 *(a+1) 得到 a[1][0] 的值，而应

该用 ** (a+1)求 a[1][0]元素的值。

2. 指向多维数组的指针变量

在了解了上面的概念之后，就比较容易理解指向多维数组及其元素的指针变量了。

(1)指向数组元素的指针变量。

【例8.3.4】用指针变量输出二维数组元素的值。

```
#include<stdio. h>
void main( )
{ int a[3][4]={1, 3, 5, 7, 6, 11, 13, 15, 17, 16, 21, 23};
  int * p;
  for(p=a[0]; p<a[0]+12; p++)
  {if((p-a[0])%4==0)printf(" \ n");
  printf("%4d", * p);
  }
  printf(" \ n");
}
```

程序运行结果如下所示：

```
1    3    5    7
6    11   13   15
17   16   21   23
```

p 是一个指向整型变量的指针变量，它可以指向一般的整型变量，也可以指向整型的数组元素。每次使 p 值加1，使 p 指向下一元素。if 语句的作用是使一行输出4个数据，然后换行。如果读者对 p 的值还缺乏具体概念的话，可以把 p 的值(即数组元素的地址)输出。可将程序倒数第二个语句改为

printf(" addr=%o, value=%2d \ n", p, * p);

在 Turbo C 环境下某一次运行时输出结果如下所示：

```
addr=236, value=1
addr=240, value=3
addr=242, value=5
addr=244, value=7
addr=246, value=6
addr=250, value=11
addr=252, value=13
addr=254, value=15
addr=256, value=17
addr=260, value=16
addr=262, value=21
addr=264, value=23
```

地址是以八进制数表示的(输出格式符为%o)。

上例是顺序输出数组中各元素之值，比较简单。如果要输出某个指定的数组元素(例如 a[1][2])，则应事先计算该元素在数组中的相对位置(即相对于数组起始位置的相对位移

量）。计算 a[i][j] 在数组中的相对位置的计算公式为 i∗m+j，其中 m 为二维数组的列数
（二维数组大小为 n×m）。例如，对上述 3×4 的二维数组，它的 2 行 3 列元素（a[2][3]）对 a
[0][0] 的相对位移量为 2∗4+3=11 元素。如果开始时使指针变量 p 指向 a[0][0]，为了得
到 a[2][3] 的值，可以用 ∗(p+2∗4+3) 表示。(p+11) 是 a[2][3] 的地址。a[i][j] 的地址
为 &a[0][0]+i∗m+j。下面来说明上述(&a[0][0]+i∗m+j)中的 i∗m+j 公式的含义。

从图 6.3.7 可以看到在 a[i][j] 元素之前有 i 行元素（每行有 m 个元素），在 a[i][j] 所
在行，a[i][j] 的前面还有 j 个元素，因此 a[i][j] 之前共有 i×m+j 个元素。例如，a[2][3]
的前面有两行（共 2×4=8 个）元素，在它本行内还有 3 个元素在它前面，故共有 8+3=11 个
元素在它之前。可用 p+11 表示其相对位置。

可以看到，C 语言规定数组下标从 0 开始，对计算上述相对位置比较方便，只要知道 i
和 j 的值，就可以直接用 i×m+j 公式计算出 a[i][j] 相对于数组开头的相对位置。

(2) 指向由 m 个元素组成的一维数组的指针变量。

上例的指针变量 p 是指向整型变量的，p+1 所指向的元素是 p 所指向的元素的下一元
素。可以改用另一方法，使 p 不是指向整型变量，而是指向一个包含 m 个元素的一维数组。
这时，如果 p 先指向 a[0]（即 p=&a[0]），则 p+1 不是指向 a[0][1]，而是指向 a[1]，p
的增值以一维数组的长度为单位，见图 8.3.8。

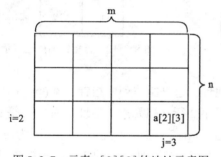

图 8.3.7 元素 a[2][3] 的地址示意图

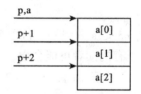

图 8.3.8 指向一维数组的指针

【例 8.3.5】 输出二维数组任一行任一列元素的值。

```
#include<stdio.h>
void main()
{  int a[3][4]={1, 3, 5, 7, 6, 11, 13, 15, 17, 16, 21, 23};
   int (*p)[4], i, j;
   p=a;
   scanf("i=%d, j=%d", &i, &j);
   printf("a[%d,%d]=%d\n", i, j, *(*(p+i)+j));
}
```

程序运行结果如下所示：

i=1, j=2   （本行为键盘输入）

a[1, 2]=13

程序第 4 行 "int(∗p)[4]" 表示 p 是一个指针变量，它指向包含 4 个元素的一维数组。
∗p 两侧的括号不可缺少，如果写成 ∗p[4]，由于方括号[ ]运算级别高，因此 p 先与[4]

结合，是数组，然后再与前面的＊结合，＊p[4]是指针数组。有的读者感到"（＊p）[4]"这种形式不好理解。为此，再作如下补充介绍。

①int a[4];　/＊a有4个元素，每个元素为整型＊/

②int（＊p）[4];

第②种形式表示＊p有4个元素，每个元素为整型。也就是p所指的对象是有4个整型元素的数组，即p是行指针，见图8.3.9。应该记住，此时p只能指向一个包含4个元素的一维数组，p的值就是该一维数组的起始地址。p不能指向一维数组中的某一元素，因为p是行指针。

程序中的p+i是二维数组a的第i行的起始地址（由于p是指向一维数组的指针变量，因此p加1，就指向下一行）。见图8.3.10。

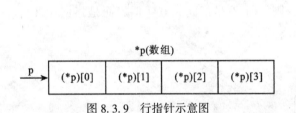

*p(数组)

(*p)[0]	(*p)[1]	(*p)[2]	(*p)[3]

图8.3.9　行指针示意图

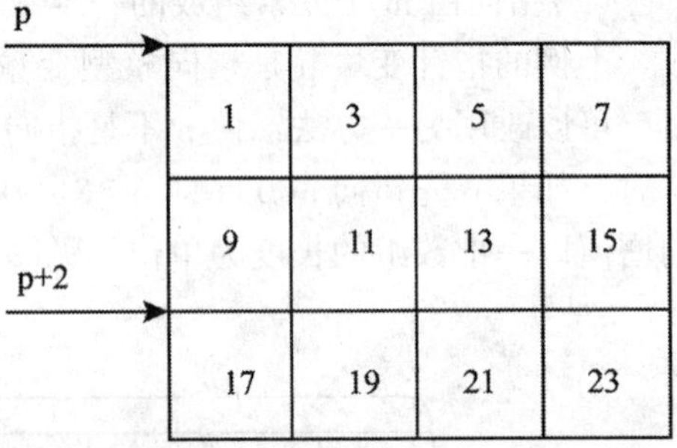

1	3	5	7
9	11	13	15
17	19	21	23

图8.3.10　行指针加法运算示意图

＊（p+2）+3是a数组第2行第3列元素地址，这是指向列的指针，＊（＊（p+2）+3）是a[2][3]的值。有的读者可能会想，＊（p+2）是第2行0列元素的地址，而p+2是a数组第2行首地址，二者的值相同，＊（p+2）+3能否写成（p+2）+3呢？显然不行。因为（p+2）+3就成了（p+5）了，是第5行的首地址了。对"＊（p+2）+3"，括弧中的2是以一维数组的长度为单位的，即p每加1，地址就增加8个字节（4个元素，每个元素2个字节），而＊（p+2）+3括弧外的数字3，不是以p所指向的一维数组为长度单位的。由于经过＊（p+2）的运算，得到a[2]，即&a[2][0]，它已经转化为指向列元素的指针了，因此加3就是加（3×2）个字节。虽然p+2和＊（p+2）具有相同的值，但（p+2）+3和＊（p+2）+3的值就不相同了。这和上一节所叙述的概念是一致的。

3. 用指向数组的指针作函数参数

一维数组名可以作为函数参数传递，多维数组名也可作为函数参数传递。在用指针变量作形参以接受实参数组名传递来的地址时，有两种方法：① 用指向变量的指针变量；② 用指向一维数组的指针变量。

【例8.3.6】有一个班，3个学生，各学4门课，计算总平均分数，以及第n个学生的成绩。

这个题目是为了说明用多维数组指针作函数参数而举的例子。用函数average求总平均成绩，用函数search找出并输出第i个学生的成绩。

```
#include<stdio. h>
void average（float ＊p，int n）
```

```
  {  float  * p_end;
     float sum＝0, aver;
     p_end＝p+n-1;
     for( ;  p<＝p_end;  p++)
     sum＝sum+( * p);
     aver＝sum/n;
     printf( "average＝%5. 2f \ n",  aver);
  }
  void search(float ( * p)[4], int n)
  {  int i;
     printf( "the score of No. %d are： \ n",  n);
     for( i＝0;  i<4;  i++)
     printf( "%5. 2f",  * ( * (p+n)+i));
  }
  void main( )
  {  float  score [3][4] ＝｛｛65, 67, 70, 60｝, ｛80, 87, 60, 81｝, ｛60, 66, 100,
68｝｝;
     average( * score, 12);                  / * 求 12 个分数的平均分 * /
     search( score, 2);                      / * 求第 2 个学生的成绩 * /
  }
```

程序运行结果如下所示：

average＝82. 25

the score of No. 2 are：

60. 00　66. 00　100. 00　68. 00

在函数 main 中，先调用 average 函数以求总平均值。在函数 average 中形参 p 被声明为指向一个实型变量的指针变量。用 p 指向二维数组的各个元素，p 每加 1 就改为指向下一个元素，见图 8. 3. 11。

相应的实参用 * score，即 score[0]，它是一个地址，指向 score[0][0] 元素。用形参 n 代表需要求平均值的元素的个数，实参 12 表示要求 12 个元素值的平均值。函数 average 中的指针变量 p 指向 score 数组的某一元素(元素值为一门课的成绩)。sum 是累计总分，aver 是平均值。在函数中输出 aver 的值，故函数无需返回值。

函数 search 的形参 p 不是指向一般变量的指针变量，而是指向包含 4 个元素的一维数组的指针变量。实参传给形参 n 的值为 2，即找序号为 2 的学生的成绩(3 个学生的序号分别为 0、1、2)。函数调用开始时，将实参 score 的值(代表该数组第 0 行首地址)传给 p，使 p 也指向 score[0]。p+n 是一维数组 score[n] 的首地址， * (p+n)+i 是 score[n][i] 的地址， * (* (p+n)+i) 是 score[n][i] 的值。现在 n＝2，i 由 0 变到 3，for 循环输出 score[2][0] 到 score[2][3] 的值。

通过指针变量存取数组元素速度快，且程序简明。用指针变量作形参，可以允许数组的行数不同。因此数组与指针常常是紧密联系的，使用熟练的话可以使程序质量提高，且编写程序方便灵活。

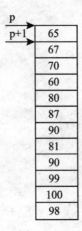

图 8.3.11

8.4 字符串与指针

8.4.1 字符串的表示形式

在 C 语言程序中，可以用下述两种方法访问一个字符串。

(1)用字符数组存放一个字符串，然后输出该字符串。

【例8.4.1】定义一个字符数组，对它初始化，然后输出该字符串。

```
#include<stdio. h>
void main( )
{   char string[  ]="I love China!";
    printf("%s \ n", string);
}
```

程序运行时输出：

I love China!

和前面介绍的数组属性一样，string 是数组名，它代表字符数组的首地址(见图8.4.1)。string[4]代表数组中序号为 4 的元素(v)，实际上 string[4]就是 *(string+4)，string+4 是一个地址，它指向字符 v。

(2)用字符指针指向一个字符串。

可以不定义字符数组，而定义一个字符指针。用字符指针指向字符串中的字符。

【例8.4.2】定义字符指针。

```
#include<stdio. h>
void main( )
{   char  * string="I love China!";
    printf("%s \ n", string);
}
```

这里没有定义字符数组，在程序中定义了一个字符指针变量 string。用字符串常量"I love China!"对它初始化。C 语言对字符串常量是按字符数组处理的，在内存中开辟了一个字符数组用来存放字符串常量。程序在定义字符指针变量 string 时把字符串首地址(即存放字符串的字符数组的首地址)赋给 string(见图 8.4.2)。

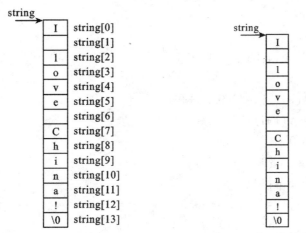

图 8.4.1　字符数组的存储结构　　　图 8.4.2　定义字符指针

有人认为 string 是一个字符串变量，是在定义时把"I love China!"赋给该字符串变量，这是不对的。定义 string 的部分

　　char ＊string＝"I love China!";

等价于下面两行：

　　char ＊string;

　　string＝"I love China!";

可以看到 string 被定义为一个指针变量，指向字符型数据。它只能指向一个字符变量或其他字符类型数据，不能同时指向多个字符数据，更不是把"I love China!"这些字符存放到 string 中(指针变量只能存放地址)，也不是把字符串赋给 ＊string。只是把"I love China!"的第一个字符的地址赋给指针变量 string。上述定义得不等价于：

　　char ＊string;

　　＊string＝"I love China!";

在输出时，可用以下语句。

　　printf("%s \ n", string);

%s 表示输出一个字符串，给出字符指针变量名 string，则系统先输出它所指向的一个字符数据，然后自动使 string 加 1，使之指向下一个字符，然后再输出一个字符……如此直到遇到字符串结束标志 ′\ 0′ 为止。在内存中，字符串的末尾被自动加了一个 ′\ 0′(如图 8.4.2 所示)，因此在输出时能确定字符串的终止位置。

关于%S，说明如下：

通过字符数组名或字符指针变量可以输出一个字符串。而对一个数值型数组，是不能企图用数组名输出它的全部元素的。如：

　　int i[10]

⋮

```
printf("%d \ n", i);
```

是不行的, 只能逐个元素输出。显然, 用%s 可以对一个字符串进行整体输入/输出。

对字符串中字符的存取, 可以用下标方法, 也可以用指针方法。

【例8.4.3】将字符串 a 复制到字符串 b。

```
#include<stdio. h>
void main( )
{   char a[ ]="I am a boy.", b[20];
    int i;
    for(i=0; * (a+i)! ='\ 0'; i++)
        * (b+i)= * (a+i);
     * (b+i)='\ 0';
    printf("string a is:%s \ n", a);
    printf("string b is:");
    for(i=0; b[i]! ='\ 0'; i++)
        printf("%c", b[i]);
        printf("\ n");
}
```

程序运行结果如下所示:

string a is: I am a boy.

string b is: I am a boy.

程序中 a 和 b 都被定义为字符数组, 可以通过地址访问数组元素。在 for 语句中, 先检查 a[i]是否为 '\ 0'(a[i]是以 * (a+i)形式表示的)。如果不等于 '\ 0', 表示字符串尚未处理完, 就将 a[i]的值赋给 b[i], 即复制一个字符。在 for 循环中将 a 串全部复制给了 b 串。最后还应将 '\ 0' 复制过去, 故有 * (b+i)='\ 0'; 此时 i 的值是字符串有效字符的个数 n 加 1。第二个 for 循环中用下标法表示一个数组元素(即一个字符)。

也可以设指针变量, 用它的值的改变来指向字符串中的不同的字符。

【例8.4.4】用指针变量来处理例8.4.3问题。

```
#include<stdio. h>
void main( )
{   char a[ ]="I am a boy.", b[20], * p1, * p2;
    int i;
    p1=a; p2=b;
    for( ; * p1! ='\ 0'; p1++, p2++)
        * p2= * p1;
     * p2='\ 0';
    printf("string a is:%s \ n", a);
    printf("string b is:");
    for(i=0; b[i]! ='\ 0'; i++)
        printf("%c", b[i]);
```

```
        printf("\n");
}
```

p1、p2 是指针变量，它们指向字符型数据。先使 p1 和 p2 的值分别为字符串 a 和 b 的首地址。 * p1 最初的值为′I′，赋值语句" * p2 = * p1;"的作用是将字符′I′(a 串中第 1 个字符)赋给 p2 所指向的元素，即 b[0]。然后 p1 和 p2 分别加 1，指向其下面的一个元素，直到 * p1 的值为′\0′止。p1 和 p2 的值是不断地改变的，见图 8.4.3 的虚线和 p1′、p2′。程序必须保证使 p1 和 p2 同步移动。

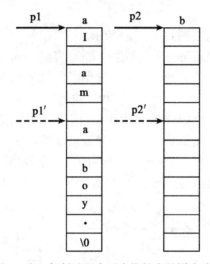

图 8.4.3　复制过程中两个指针变量同步移动

8.4.2　字符串指针作函数参数

将一个字符串从一个函数传递到另一个函数，可以用地址传递的办法，即用字符数组名作参数或用指向字符的指针变量作参数。在被调用的函数中可以改变字符串的内容，在主调函数中可以得到改变了的字符串。

【例 8.4.5】用函数调用实现字符串的复制。

(1)用字符数组作参数。

```
#include<stdio.h>
void copy_string(char from[ ], char to[ ])
{   int i=0;
    while(from[i]! =′\0′)′
        {to[i]=from[i]; i++;}
    to[i]=′\0′;
}
void main( )
{   char a[ ]="I am a teacher.";
    char b[ ]="You are a student.";
    printf("string a=%s\nstring b=%s\n", a, b);
```

普通高等教育『十三五』规划教材

```
copy_string(a, b);
printf(" \ nstring a = %s \ nstring b = %s \ n", a, b);
}
```

程序运行结果如下所示：

string a=I am a teacher.

string b=You are a student.

copy string a to string b：

string a=I am a teacher.

string b=I am a teacher.

a 和 b 是字符数组。初值如图 8.4.4(a)所示。

copy_string 函数的作用是将 from[i]赋给 to[i]，直到 from[i]的值是′\ 0′为止。在调用 copy_string 函数时，将 a 和 b 的首地址分别传递给形参数组 from 和 to。因此 from[i]和 a[i]是同一个单元，to[i]和 b[i]是同一个单元。程序执行完以后，b 数组的内容如图 8.4.4(b)所示。可以看到，由于 b 数组原来的长度大于 a 数组，因此在将 a 数组复制到 b 数组后，未能全部覆盖 b 数组原有内容。b 数组最后 3 个元素仍保留原状。在输出 b 时由于按%s(字符串)输出，遇′\ 0′即告结束，因此第一个′\ 0′后的字符不输出。如果不采取%s 格式输出而用%c 逐个字符输出是可以输出后面这些字符的。

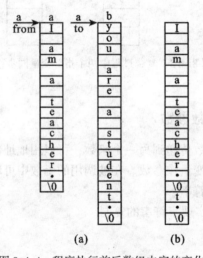

图 8.4.4　程序执行前后数组内容的变化

在 main 函数中也可以用字符型指针变量作实参，先使指针变量 a 和 b 分别指向两个字符串。

main 函数可改写如下：

```
#include<stdio. h>
void main( )
{   char from[  ] = "I am a teacher. ";
    char to[  ] = "You are a student. ";
    char * a = from, * b = to;
```

```
    printf("string a=%s\nstring b=%s\n", a, b);
    copy_string(a, b);
    printf("\nstring a=%s\nstring b=%s\n", a, b);
}
```

该程序运行结果与上一程序运行结果相同。

(2)形参用字符指针变量。

```
void copy_string(char *from, char *to)
{   for(; *from! ='\0'; from++, to++)
        *to= *from;
    *to='\0';
}
```

形参 from 和 to 是字符指针变量。它们相当于例 8.4.4 中的 p1 和 p2。算法也与例 8.4.4 完全相同。在调用 copy_string 时，将数组 a 的首地址传给 from，把数组 b 的首地址传给 to。在函数 copy_string 中的 for 循环中，每次将 *from 赋给 *to，第 1 次就是将 a 数组中第 1 个字符赋给 b 数组的第 1 个字符。在执行 from++和 to++以后，from 和 to 就分别指向 a[1]和 b[1]。再执行 *to= *from，就将 a[1]赋给 b[1]……最后将'\0'赋给 *to，注意此时 to 指向哪个单元。

(3)对 copy_string 函数还可作简化。

① 将 copy_string 函数改写为

```
void copy_string(char *from, char *to)
{   while((*to= *from)! ='\0')
        {to++; from++;}
}
```

与上面一个程序对比，在本程序中将"*to= *from"的操作放在 while 语句的表达式中，而且把赋值运算和判断是否为'\0'的运算放在一个表达式中，先赋值后判断。在循环体中使 to 和 from 增值，指向下一个元素……直到 *from 的值为'\0'为止。

② copy_string 函数的函数体还可改为

```
{
    while((*to++= *from++)! ='\0');
}
```

把上面程序的 to++和 from++运算与 *to= *from 合并，它的执行过程是，先将 *from 赋给 *to，然后使 to 和 from 增值。显然这又简化了。

③ copy_string 函数的函数体还可写成

```
{
    while(*from! ='\0')
        *to++= *from++;
    to='\0';
}
```

当 *from 不为'\0'时，将 *from 赋给 *to，然后使 to 和 from 增值。

字符可以用其 ASCII 码来代替。例如，"ch='a'"可以用"ch=67"代替，"while(ch! ='

普通高等教育『十三五』规划教材

a′)"可以用"while(ch! =67)"代替。因此,"while(＊from! =′\0′)"可以用"while(＊from! =0)"代替(′\0′的 ASCII 代码为0)。而关系表达式"＊from! =0"又可简化为"＊from",这是因为若＊form 的值不等于0,则表达式"＊from"为真,同时"＊from! =0"也为真。因此"while(＊from! =0)"和"while(＊from)"是等价的。所以函数体可简化为

      { while(＊from)
          ＊to++= ＊from++;
        ＊to=′\0′;
      }

④ 上面的 while 语句还可以进一步简化为下面的 while 语句

while(＊to++= ＊from++);

它与下面语句等价

while((＊to++= ＊from++)! =′\0′);

将＊from 赋给＊to,如果赋值后的＊to 值等于′\0′,则循环终止(′\0′已赋给＊to)。

⑤ 函数体中 while 语句也可以改用 for 语句

for(; (＊to++= ＊from++)! =0;);

或

for(; ＊to++= ＊from++;);

⑥ 也可用指针变量,函数 copy_string 可写为

void copy_string(char from[ ], char to[ ])
      { char ＊p1, ＊p2;
        p1=from; p2=to;
        while((＊p2++= ＊p1++)! =′\0′);
      }

以上各种用法,变化多端,使用十分灵活,初看起来不太习惯,含义的表现不直观。初学者会有些困难,也容易出错。但对 C 熟练之后,以上形式的使用是比较多的。读者应逐渐熟悉它,掌握它。

8.5　函数与指针

8.5.1　用函数指针变量调用函数

可以用指针变量指向整型变量、字符串、数组,也可以指向一个函数。一个函数在编译时被分配给一个入口地址。这个入口地址就称为函数的指针。可以用一个指针变量指向函数,然后通过该指针变量调用此函数。以下以一个简单的例子来回顾一下函数的调用情况。

【例8.5.1】求 a 和 b 中的大者。先列出采用一般方法的程序。

```
#include<stdio. h>
int max( int x, int y)
    { int z;
      if( x>y)z=x;
      else z=y;
```

```
    return(z);
}
void main()
{   int a, b, c;
    scanf("%d,%d", &a, &b);
    c=max(a, b);
    printf("a=%d, b=%d, max=%d", a, b, c);
}
```

main 函数中的"c=max(a, b);"包括了一次函数调用(调用 max 函数)。每一个函数都占用一段内存单元, 它们有一个起始地址。因此, 可以用一个指针变量指向一个函数, 通过指针变量来访问它指向的函数。

将 main 函数改写为

```
#include<stdio.h>
void main()
{   int max(int, int);
    int (*p)(int, int);
    int a, b, c;
    p=max;
    scanf("%d,%d", &a, &b);
    c=(*p)(a, b);
    printf("a=%d, b=%d, max=%d", a, b, c);
}
```

其中"int (*p)(int, int)"用来定义 p 是一个指向函数的指针变量, 该函数有两个整型参数, 函数值为整型。*p 两侧的括弧不可省略, 表示 p 先与 * 结合, 是指针变量, 然后再与后面的()结合, 表示此指针变量指向函数, 这个函数值(即函数返回的值)是整型的。如果写成"int *p(int, int)", 则由于()优先级高于 *, 它就成了声明一个 p 函数了(这个函数的返回值是指向整型变量的指针)。赋值语句"p=max;"的作用是将函数 max 的入口地址赋给指针变量 p。和数组名代表数组起始地址一样, 函数名代表该函数的入口地址。这时, p 就是指向函数 max 的指针变量, 也就是 p 和 max 都指向函数的开头, 见图 8.5.1。

调用 *p 就是调用函数 max。p 是指向函数的指针变量, 它只能指向函数的入口处而不可能指向函数中间的某一条指令处, 因此不能用 *(p+1)来表示函数的下一条指令。

在 main 函数中有一个赋值语句

c=(*p)(a, b);

它包括函数的调用, 和"c=max(a, b);"等价。这就是用指针形式实现函数的调用。以上用两种方法实现函数的调用, 结果是一样的。

关于函数指针, 说明如下:

(1)指向函数的指针变量的一般定义形式为

数据类型(*指针变量名)(函数参数表列);

这里的"数据类型"是指函数返回值的类型。

(2)函数的调用可以通过函数名调用, 也可以通过函数指针调用(即用指向函数的指针

普通高等教育『十三五』规划教材

图 8.5.1　函数指针变量的赋值

变量调用)。

(3)"int(* p)(int, int);"表示定义一个指向函数的指针变量,它不是固定指向哪一个函数的,而只是表示定义了这样一个类型的变量,它是专门用来存放函数的入口地址的。在程序中把哪一个函数的地址赋给它,它就指向哪一个函数。在一个程序中,一个指针变量可以先后指向同类型的不同函数。

(4)在给函数指针变量赋值时,只需给出函数名而不必给出参数,如"p = max;"是将函数入口地址赋给 p,而不牵涉到实参与形参的结合问题。不能写成"p = max(a, b);"的形式。

(5)用函数指针变量调用函数时,只需将(* p)代替函数名即可(p 为指针变量名),在(* p)之后的括弧中根据需要写上实参。例如"c = (* p)(a, b);"表示"调用由 p 指向的函数,实参为 a、b。得到的函数值赋给 c"。从上例对指针变量 p 的定义可以知道,函数的返回值是整型的,因此将其值赋给整型变量 c 是合法的。

(6)对指向函数的指针变量进行运算(如 p+n、p++、p--)是无意义的。

8.5.2　用指向函数的指针作函数参数

函数指针变量常用的用途之一是把指针作为参数传递到其他函数。这个问题是 C 语言应用的一个比较深入的部分,在本书中只作简单的介绍,以便在今后用到时不致感到困惑。进一步的理解和掌握有待于读者今后深入的学习和提高。

以前介绍过,函数的参数可以是变量、指向变量的指针变量、数组名、指向数组的指针变量等。现在介绍指向函数的指针也可以作为参数,以实现函数地址的传递,也就是将函数名传给形参,这样就能够在被调用的函数中使用实参函数。它的原理可以简述如下:有一个函数(假设函数名为 sub),它有两个形参(x1 和 x2),定义 x1 和 x2 为指向函数的指针变量。在调用函数 sub 时,实参用两个函数名 f1 和 f2,给形参传递的是函数 f1 和 f2 的地址。这样在函数 sub 中就可以调用 f1 和 f2 函数了。如:

```
实参函数名                    f1                       f2
                             ↓                        ↓
void sub(int ( * x1)( int), int ( * x2)( int, int))
    {int a, b, i, j;
```

```
      a = ( * x1)(i);          /*调用f1函数*/
      b = ( * x2)(i, j);             /*调用f2函数*/
    ⋮
}
```

其中 i 和 j 是函数 f1 和 f2 所要求的参数。函数 sub 的形参 x1、x2(指针变量)在函数 sub 未被调用时并不占内存单元,也不指向任何函数。在 sub 被调用时,把实参函数 f1 和 f2 的入口地址传给形参指针变量 x1 和 x2,使 x1 和 x2 指向函数 f1 和 f2,见图 8.5.2。

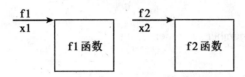

图 8.5.2　指向函数的指针作函数参数

这时,在函数 sub 中,用 * x1 和 * x2 可以调用函数 f1 和 f2。
(* x1)(i)相当于 f1(i),(* x2)(i, j)相当于 f2(i, j)。

有人可能会问,既然在 sub 函数中要调用 f1 和 f2 函数,为什么不直接调用 f1 和 f2 而要用函数指针变量呢?何必绕这样一个圈子呢? 的确,如果只是用到 f1 和 f2 函数,完全可以在 sub 函数中直接调用 f1 和 f2,而不必设指针变量 x1、x2。但是,如果在每次调用 sub 函数时,要调用的函数不是固定的,这次调用 f1 和 f2,而下次要调用 f3 和 f4,第三次要调用的是 f5 和 f6。这时,用指针变量就比较方便了。只要在每次调用 sub 函数时给出不同的函数名作为实参即可,sub 函数不必做任何修改。这种方法是符合结构化程序设计原则的,是程序设计中常使用的方法。

8.6　返回指针值的函数

一个函数可以带回一个整型值、字符值、实型值等,也可以带回指针型的数据,即地址。其概念与以前类似,只是带回的值的类型是指针类型而已。

这种带回指针值的函数,一般定义形式为

类型名　* 函数名(参数表列);

例如:

int、* a(int x, int y);

a 是函数名,调用它以后能得到一个指向整型数据的指针(地址)。x、y 是函数 a 的形参,为整型。在 * a 两侧没有括弧,在 a 的两侧分别为 * 运算符和( )运算符。而( )优先级高于 * ,因此 a 先与( )结合。显然这是函数形式。这个函数前面有一个 * ,表示此函数是指针型函数(函数值是指针)。最前面的 int 表示返回的指针指向整型变量。

【例 8.6.1】有若干个学生的成绩(每个学生有 4 门课程),要求在用户输入学生序号以后,能输出该学生的全部成绩。用指针函数来实现。

```
#include<stdio. h>
float * search(float ( * pointer)[4], int n)
```

```
    {  float  * pt;
       pt = * ( pointer+n) ;
       return( pt) ;
    }
    void main( )
    {  float score[ ][4] = { {60, 70, 80, 60}, {56, 86, 67, 88}, {34, 78, 60, 66}};
       float  * search( float ( * pointer)[4], int n) ;
       float  * p;
       int i, m;
       printf( "enter the number of student:" ) ;
       scanf( "%d", &m) ;
       printf( "The scores of No. %d are: \ n", m) ;
       p = search( score, m) ;
       for( i = 0; i<4; i++)
       printf( "%5. 2f \ t", * ( p+i)) ;
    }
```

程序运行结果如下所示:

enter the number of student: 1

The scores of No. 1 are:

56. 00   86. 00   67. 00 88. 00

学生序号是从 0 号算起的。函数 search 被定义为指针型函数,它的形参 pointer 是指向包含 4 个元素的一维数组的指针变量。pointer+1 指向 score 数组第 1 行。见图 8. 6. 1。

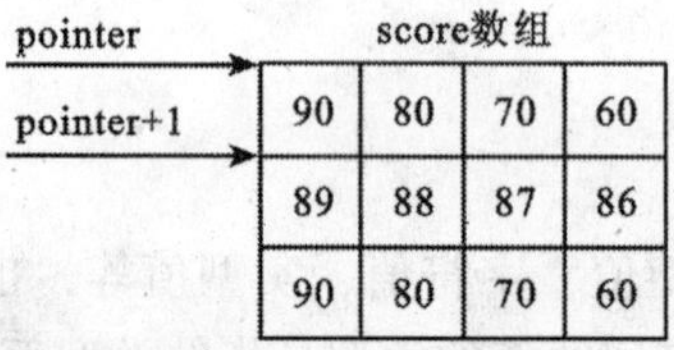

图 8. 6. 1   指针 pointer 的指向示意图

* (pointer+1)指向第 1 行第 0 列元素。加了" * "号后,指针从行控制转化为列控制了。pt 是指针变量,它指向实型变量(而不是指向一维数组)。main 函数调用 search 函数,将 score 数组的首地址传给形参 pointer(score 也是指向行的指针,而不是指向列元素的指针)。m 是要查找的学生序号。调用 search 函数后,得到一个地址(指向第 m 个学生第 0 门课程),赋给 p。然后将此学生的 4 门课的成绩输出。* (p+i)表示该学生第 i 门课的成绩。

指针变量 p、pt 和 pointer 的区别用语句修改说明如下。

将 search 函数中的语句

pt = * (pointer+n) ;

改为

pt = (* pointer+n) ;

程序运行结果如下所示：

enter the number of student：1

The scores of No. 1 are：

70. 00　80. 00　60. 00　56. 00

得到的不是第一个学生的成绩，而是二维数组中a[0][1]开始的4个元素的值。

8.7　指针数组及双重指针

8.7.1　指针数组的概念

一个数组，其元素均为指针类型数据，称为指针数组，也就是说，指针数组中的每一个元素都相当于一个指针变量。一维指针数组的定义形式为

类型名 * 数组名[数组长度]；

例如，在"int * p[4]；"中，由于[ ]比 * 优先级高，因此 p 先与[4]结合，形成 p[4]形式，这显然是数组形式，它有4个元素。然后再与 p 前面的" * "结合，" * "表示此数组是指针类型的，每个数组元素(相当于一个指针变量)都可指向一个整型变量。

不要写成"int (* p)[4]；"的形式，因为这是指向一维数组的指针变量。这在前面已介绍过了。为什么要用到指针数组呢？因为它比较适合于用来指向若干个字符串，使字符串处理更加方便灵活。

例如，图书馆有若干本书，想把书名放在一个数组中(见图8.7.1(a))，然后要对这些书目进行排序和查询。按一般方法，字符串本身就是一个字符数组。因此要设计一个二维的字符数组才能存放多个字符串。但在定义二维数组时，需要指定列数，也就是说二维数组中每一行中包含的元素个数(即列数)相等。而实际上各字符串(书名)长度一般是不相等的。如按最长的字符串来定义列数，则会浪费许多内存单元。见图8.7.1(b)。

因此，可以分别定义一些字符串，然后用指针数组中的元素分别指向各字符串，见图8.7.1(c)。

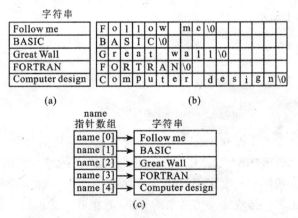

图 8.7.1　用二维数组和指针数组存储书名的比较

如果想对字符串排序，不必改动字符串的位置，只需改动指针数组中各元素的指向(即改变各元素的值，这些值是各字符串的首地址)。这样，各字符串的长度可以不同，而且移动指针变量的值(地址)要比移动字符串所花的时间少得多。

【例 8.7.1】将若干字符串按字母顺序(由小到大)输出。

```c
#include<stdio.h>
void sort(char * name[ ], int n)
{   char * temp;
    int i, j, k;
    for(i=0; i<n-1; i++)
    {k=i;
    for(j=i+1; j<n; j++)
if(strcmp(name[k], name[j])>0)   k=j;
        {temp=name[i]; name[i]=name[k]; name[k]=temp;}
    }
}

void print(char * name[ ], int n)
{   int i;
    for(i=0; i<n; i++)
      printf("%s \ n", name[i]);
}

void main()
{char * name[ ]={"Follow me","BASIC","Great Wall","FORTRAN","
                 Computer Design"};
    int n=5;
    sort(name, n);
    print(name, n);
}
```

程序运行结果如下所示：

BASIC

Computer Design

FORTRAN

Follow me

Great Wall

在 main 函数中定义指针数组 name。它有 5 个元素，其初值分别是"Follow me"、"BASIC"、"Great Wall"、"FORTRAN"、"Computer design"的首地址。见图 8.7.1(c)。这些字符串是不等长的(并不是按同一长度定义的)。sort 函数的作用是对字符串排序。sort 函数的形参 name 也是指针数组名，接收实参传过来的 name 数组 0 行的地址，因此形参 name 数组和实参 name 数组指的是同一数组。用选择法对字符串排序。strcmp 是字符串比较函数，name[k]和 name[j]是第 k 个和第 j 个字符串的起始地址。strcmp(name[k], name[j])的值为：如果 name[k]所指的字符串大于 name[j]所指的字符串，则此函数值为正值；若相等，则函数值为 0；若小于，则函数值为负值。if 语句的作用是将两个串中"小"的那个串的序号(k 或 j 之一)保留在变量 k 中。当执行完内循环 for 语句后，从第 i 个串到第 n 个字符串中，第 k 个串最"小"。若 k≠i 就表示最小的串不是第 i 串。故将 name[i]和 name[k]对换，也就是将指向第 i 个串的数组元素(是指针型元素)与指向第 k 个串的数组元素对换。执行完 sort 函数后指针数组的情况如图 8.7.2 所示。

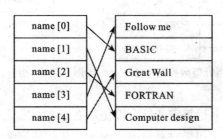

图 8.7.2 sort 函数执行后指针数组的情况

print 函数的作用是输出各字符串。name[0]到 name[4]分别是各字符串(按从小到大顺序排好序的各字符串)的首地址(按字符串从小到大顺序，name[0]指向最小的串)，用"%s"格式符输出，就得到这些字符串。

print 函数也可改写为以下形式：

```
void print( char * name[ ], int n)
{   int i=0;
    char * p;
    p=name[0];
    while( i<n)
        { p= * ( name+i++);
        printf( "%s \ n", p);}
}
```

其中" * (name+i++)"表示先求 * (name+i)的值，即 name[i](它是一个地址)，然后使 i 加 1。在输出时，按字符串形式输出以 p 地址开始的字符串。

sort 函数中的第一个 if 语句中的逻辑表达式，如果写成下面形式是不对的：

if(* name[k]> * name[j])k=j;

因为它只比较 name[k]和 name[j]所指向的字符串中的第一个字符(字符串比较可用 strcmp 函数)。

8.7.2 双重指针

指向指针数据的指针变量，简称双重指针。从图 8.7.3 中可以看到，name 是一个指针数组，它的每一个元素是一个指针型数据，其值为地址。name 是一个数组，它的每一元素都有相应的地址。数组名 name 代表该指针数组的首地址。

name+i 是 name[i]的地址。name+i 就是指向指针型数据的指针(地址)。还可以设置一个指针变量 p，它指向指针数组的元素(见图 8.7.4)。p 就是指向指针型数据的指针变量。怎样定义一个指向指针数据的指针变量呢？例如：

char ** p;

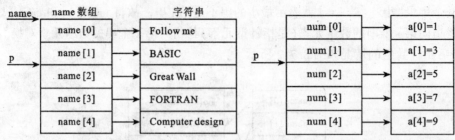

图 8.7.3 指向指针型数据的指针　　　　图 8.7.4 指向指针型数据的指针变量

p 的前面有两个 * 号。* 运算符的结合性是从右到左，因此 ** p 相当于 * (* p)，显然
* p 是指针变量的定义形式。如果没有最前面的 *，那就是定义了一个指向字符数据的指针
变量。现在它前面又有一个 * 号，表示指针变量 p 是指向一个字符指针变量(即指向字符型
数据的指针变量)的。* p 就是 p 所指向的另一个指针变量。有以下程序段：

p＝name+2；
printf("%o \ n"，* p)；
printf("%s \ n"，* p)；

第一个 printf 函数语句输出 name[2]的值(它是一个地址)，第二个 printf 函数语句以字符串
形式(%s)输出字符串"Great Wall"。

【例 8.7.2】使用指向指针的指针。

```
#include<stdio. h>
void main( )
{    char * name[  ]={"Follow me","BASIC","Great Wall","FORTRAN","Computer de-
sign"};
    char ** p;
    int i;
    for(i=0；i<5；i++)
    {    p=name+i；
        printf("%s \ n"，* p)；
    }
}
```

程序运行结果如下所示：

Follow me

BASIC

FORTRAN

Great Wall

Computer design

p 是指向指针的指针变量，在第一次执行循环体时，赋值语句"p＝name+i;"使 p 指向
name 数组的 0 号元素 name[0]，* p 是 name[0]的值，即第一个字符串的起始地址，用

printf 函数输出第一个字符串(格式符为%s)。依次输出 5 个字符串。

指针数组的元素也可以不指向字符串,而指向整型数据或实型数据等。例如:

```
int    a[5]={1, 3, 5, 7, 9};
int    *num[5];
int    **p;
for (i=0; i<5; i++)
num[i]=&a[i];
```

此时为了得到 a[2]中的数据"5",可以先使 p=num+2,然后输出 **p。注意 *p 是 p 间接指向的对象的地址 num[2]。而 **p 是 p 间接指向的对象的值,即 *num[2],也就是 a[2]的值 5。见图 8.7.4。

【例 8.7.3】是一个指针数组的元素指向整型数据的简单例子。目的是为了说明它的用法。

```
#include<stdio. h>
void main( )
{   int a[5]={1, 3, 5, 7, 9};
    int *num[5]={&a[0], &a[1], &a[2], &a[3], &a[4]};
    int **p, i;
    p=num;
    for(i=0; i<5; i++)
    {printf("%d ", **p); p++;}
}
```

程序运行结果如下所示:

1   3   5   7   9

指针数组的元素只能存放地址。读者可在此例基础上实现对各数排序。在本章开头已经提到了"间接访问"变量的方式。利用指针变量访问另一个变量就是"间接访问"。如果在一个指针变量中存放一个目标变量的地址,这就是"单级间址",见图 8.7.5(a)。指向指针的指针用的是"二级间址"方法。见图 8.7.5(b)。从理论上说,间址方法可以延伸到更多的级,见图 8.7.5(c)。但实际上在程序中很少有超过二级间址的。级数愈多,愈难理解,容易产生混乱,出错机会也多。

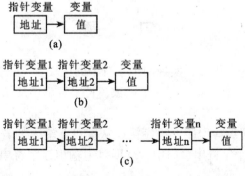

图 8.7.5 单级间址、二级间址和多级间址

8.8　实训 6

1. 调试下列程序，使之具有如下功能：任意输入两个数，调用两个函数，分别求：① 两个数的和；②两个数交换。要求用函数指针调用这两个函数，结果在主函数中输出。

```
main( )
{
    int a, b, c, ( *p)( );
    scanf("%d,%d", &a, &b);
    p=sum;
    *p(a, b, c);
    p=swap;
    *p(a, b);
    printf("sum=%d \ n", c);
    printf("a=%d, b=%d \ n", a, b);
}
sum(int a, int b, int c)
{
    c=a+b;
}
swap(int a, int b)
{
    int t;
    t=a;
    a=b;
    b=t;
}
```

调试程序时注意参数传递的是数值还是地址。

2. 将实训 6 中的图书管理系统，改由链表实现。

习　题

1. 用指针方式编写一个函数，实现两个字符串的比较。

2. 有一字符串包含 N 个字符，写一个函数，将字符串中从第 M(M 小于 N) 个字符开始的全部字符复制成为另一个字符串。

3. 用移动指针的方法编写程序，程序接收从键盘上输入的若干字符(用 EOF 作为输入结束的标记)并存放在一个字符串数组中，从屏幕上输出该字符串数组中 ASCII 码值最大的元素。

4. 应用指针，实现 10 个整数从大到小的顺序排序输出。

5. 应用指针，求 n 个数的最小值和最大值。

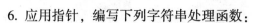

6. 应用指针，编写下列字符串处理函数：

（1）字符串的复制函数。

（2）字符串的连接函数。

7. 应用指针，求一矩阵中行为最大，列为最小的元素。

8. 请编写函数 chg(char ∗ s)，把 s 字符串中的所有字母改写成该字母的下一个字符，字母 z 改写成字母 a。要求大写字母仍为大写字母，小写字母仍为小写字母，其他字符不做改变。待转换字符串的输入以及转换后字符串的输出均从主函数中完成。

9. 请编写函数 chg(char ∗ s)，把 s 字符串中的所有字符左移一个位置，串中的第一个字符移到最后。待操作字符串的输入以及转换后字符串的输出均从主函数中完成。

第9章 结构体与链表

9.1 结构体

在实际问题中，一组数据往往具有不同的数据类型。例如，在学生登记表中，姓名应为字符型；学号可为整型或字符型；年龄应为整型；性别应为字符型；成绩可为整型或实型。显然不能用一个数组来存放这一组数据。因为数组中各元素的类型和长度都必须一致，以便于编译系统处理。为了解决这个问题，C语言中给出了另一种构造数据类型——"结构（structure）"或叫"结构体"。它相当于其他高级语言中的记录。

9.1.1 结构体的定义

"结构体"是一种构造类型，它是由若干"成员"组成的。每一个成员可以是一个基本数据类型或者又是一个结构体，那么在说明和使用之前必须先定义它，也就是构造它。如同在说明和调用函数之前要先定义函数一样。定义一个结构体的一般形式为：

struct 结构体名

{成员表列}；

成员表列由若干个成员组成，每个成员都是该结构的一个组成部分。对每个成员也必须作类型说明，其形式为：

类型说明符 成员名；

成员名的命名应符合标识符的书写规定。例如：

```
struct stu
{
    int num;
    char name[20];
    char sex;
    float score;
};
```

在这个结构体定义中，结构体名为 stu，该结构体由4个成员组成。第1个成员为 num，整型变量；第2个成员为 name，字符数组；第3个成员为 sex，字符变量；第4个成员为 score，实型变量。应注意在括号后的分号是不可少的。结构体定义之后，即可进行变量说明。凡说明为结构体 stu 的变量都由上述4个成员组成。由此可见，结构体是一种复杂的数据类型，是数目固定、类型不同的若干有序变量的集合。

9.1.2　结构体类型变量的说明

　　前面只是建立了一个结构体类型，相当于一个模型，并没有定义变量，并无具体数据，系统对之也不分配存储单元，相当于设计好了图纸，并未建成具体的房屋。为了能在程序中使用结构体类型数据，应当定义结构体类型的变量，并在其中存放具体数据。说明结构体变量有下述三种方法，以上面定义的 stu 为例来加以说明。

　　(1)先定义结构体，再说明结构体变量。例如：

```
struct stu
    {
        int num;
        char name[20];
        char sex;
        float score;
    };
        struct stu boy1，boy2;
```

　　说明了两个变量 boy1 和 boy2 为 stu 结构体类型，这种形式与定义其他类型变量形式(如 int a，b;)是相似的。这种方式是声明类型和定义变量分离，在声明类型后可以随时定义变量，比较灵活。

　　(2)在定义结构体类型的同时说明结构体变量。例如：

```
struct stu
    {
        int num;
        char name[20];
        char sex;
        float score;
}boy1，boy2;
```

　　这种形式的说明的一般形式为：

```
struct 结构名
    {
成员表列
}变量名表列;
```

　　声明类型和定义变量放在一起进行，能直接看到结构体比较直观，在写小程序时用此方式比较方便。但写大程序时，往往要求对类型声明和变量定义分别放在不同地方，以使程序结构清晰便于维护，所以一般不用这种方式。

　　(3)直接说明结构体变量。例如：

```
struct
    {
        int num;
        char name[20];
        char sex;
```

```
        float score;
}boy1，boy2；
```
这种形式的说明的一般形式为：
```
struct
{
成员表列
}变量名表列；
```
指定一个无名的结构体类型，显然不能再用此结构体类型定义其他变量，这种方式也并不常用。三种方法中说明的 boy1，boy2 变量都具有图 9.1.1 所示的结构。

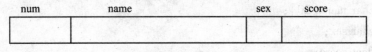

num	name	sex	score

图 9.1.1

定义了结构体变量后，系统会为之分配内存单元，在 Visual C++中占 29 个字节(4+20+1+4)，说明了 boy1，boy2 变量为 stu 类型后，即可向这两个变量中的各个成员赋值。在上述 stu 结构体定义中，所有的成员都是基本数据类型或数组类型。

成员也可以又是一个结构体，即构成了嵌套的结构体。例如，图 9.1.2 给出了另一个数据结构。

num	name	sex	birthday			score
			month	day	year	

图 9.1.2

按图可给出以下结构体定义：
```
struct date
{
        int month;
        int day;
        int year;
};
    struct{
        int num;
        char name[20];
        char sex;
        struct date birthday;
        float score;
    }boy1，boy2；
```

首先定义一个结构体 date，由 month（月）、day（日）、year（年）三个成员组成。在定义并说明变量 boy1 和 boy2 时，其中的成员 birthday 被说明为 data 结构体类型。成员名可与程序中其它变量同名，互不干扰。

9.1.3 结构体变量成员的使用

在程序中使用结构体变量时，往往不把它作为一个整体来使用。在 ANSI C 中除了允许具有相同类型的结构体变量相互赋值以外，一般对结构体变量的使用，包括赋值、输入、输出、运算等都是通过结构体变量的成员来实现的。

表示结构体变量成员的一般形式是：

结构体变量名.成员名

例如：

boy1. num   即第一个人的学号

boy2. sex   即第二个人的性别

如果成员本身又是一个结构体则必须逐级找到最低级的成员才能使用。

例如：

boy1. birthday. month

即第一个人出生的月份成员可以在程序中单独使用，与普通变量完全相同。

和其他类型变量一样，对结构体变量可以在定义时进行初始化赋值。

【例 9.1.1】对结构体变量初始化。

```
main( )
{
    struct stu      /*定义结构*/
    {
        int num;
        char * name;
        char sex;
        float score;
    }boy2，boy1 = {102,"Zhang ping",'M', 78.5};
    boy2 = boy1;
    printf("Number=%d \ nName=%s \ n", boy2. num, boy2. name);
    printf("Sex=%c \ nScore=%f \ n", boy2. sex, boy2. score);
}
```

本例中，boy2，boy1 均被定义为结构体变量，并对 boy1 作了初始化赋值。在 main 函数中，把 boy1 的值整体赋予 boy2，然后用两个 printf 语句输出 boy2 各成员的值。

结构体变量的赋值就是给各成员赋值，可用输入语句或赋值语句来完成。

【例 9.1.2】给结构体变量赋值并输出其值。

```
main( )
{
    struct stu
    {
```

普通高等教育『十三五』规划教材

```
        int num;
        char * name;
        char sex;
        float score;
    } boy1, boy2;
    boy1. num=102;
    boy1. name="Zhang ping";
    printf("input sex and score \ n");
    scanf("%c %f", &boy1. sex, &boy1. score);
    boy2=boy1;
    printf("Number=%d \ nName=%s \ n", boy2. num, boy2. name);
    printf("Sex=%c \ nScore=%f \ n", boy2. sex, boy2. score);

}
```

本程序中用赋值语句给 num 和 name 两个成员赋值，name 是一个字符串指针变量。用 scanf 函数动态地输入 sex 和 score 成员值，然后把 boy1 的所有成员的值整体赋予 boy2。最后分别输出 boy2 的各个成员值。本例表示了结构体变量的赋值、输入和输出的方法。

注意：（1）不能将结构体变量作为一个整体进行输入和输出，只能对结构体变量中的各个成员分别进行输入和输出。

如：printf("%d,%s,%c,%f \ n", boy1)；是错误的

（2）如果成员本身又属于一个结构体类型，则要逐级引用到最低一级成员，对最低级的成员进行赋值或存取以及运算。

（3）对结构体变量的成员可以像普通变量一样进行各种运算（根据其类型决定可以进行的运算）。

boy2. score = boy1. score;

sum = boy1. score+ boy2. score;

boy1. score ++;

++ boy1. score;

（4）可以引用结构体变量成员的地址

scanf("%d", & boy1. num);

但不能用以下语句整体读入结构体变量。

scanf("%d,%s,%c,%d,%f,%f,%s", &student1);

9.1.4 结构体数组的定义

数组的元素也可以是结构体类型的，因此可以构成结构体型数组。结构体数组的每一个元素都是具有相同结构体类型的下标结构变量。在实际应用中，经常用结构体数组来表示具有相同数据结构的一个群体。如一个班的学生档案、一个车间职工的工资表等。

方法和结构体变量相似，只需说明它为数组类型即可。

例如：

struct stu

```
        {
            int num;
            char * name;
            char sex;
            float score;
        };
struct stu boy[5]
```

或者

```
struct stu
        {
            int num;
            char * name;
            char sex;
            float score;
        }boy[5];
```

或者

```
struct
        {
            int num;
            char * name;
            char sex;
            float score;
        }boy[5];
```

定义了一个结构体数组 boy，共有 5 个元素，boy[0]~boy[4]。每个数组元素都具有
struct stu 的结构体形式，对结构体数组可以作初始化赋值。

例如：

```
struct stu
        {
            int num;
            char * name;
            char sex;
            float score;
        }boy[5]={
                {101,"Li ping","M", 45},
                {102,"Zhang ping","M", 62.5},
                {103,"He fang","F", 92.5},
                {104,"Cheng ling","F", 87},
                {105,"Wang ming","M", 58};
        }
```

普通高等教育『十三五』规划教材

boy[0]	101	Li ping	M	45
boy[1]	102	Zhang ping	M	62.5
boy[2]	103	He fang	F	92.5
boy[3]	104	Cheng ling	F	87
boy[4]	105	Wang Ming	M	58

当对全部元素作初始化赋值时，也可不给出数组长度。

【例9.1.3】计算学生的平均成绩和不及格的人数。

```
struct stu
{
    int num;
    char * name;
    char sex;
    float score;
}boy[5]={
            {101,"Li ping",'M', 45},
            {102,"Zhang ping",'M', 62.5},
            {103,"He fang",'F', 92.5},
            {104,"Cheng ling",'F', 87},
            {105,"Wang ming",'M', 58},
        };
main()
{
    int i, c=0;
    float ave, s=0;
    for(i=0; i<5; i++)
    {
        s+=boy[i]. score;
        if(boy[i]. score<60) c+=1;
    }
    printf("s=%f\n", s);
    ave=s/5;
    printf("average=%f\ncount=%d\n", ave, c);
}
```

本例程序中定义了一个外部结构体数组 boy，共5个元素，并作了初始化赋值。在 main 函数中用 for 语句逐个累加各元素的 score 成员值存于 s 之中，如 score 的值小于60(不及格)即计数器 c 加1，循环完毕后计算平均成绩，并输出全班总分，平均分及不及格人数。

【例9.1.4】建立同学通信录。

```
#include"stdio. h"
```

```
#define NUM 3
struct mem
{
    char name[20];
    char phone[10];
};
main()
{
    struct mem man[NUM];
    int i;
    for(i=0; i<NUM; i++)
     {
       printf("input name: \ n");
       gets(man[i]. name);
       printf("input phone: \ n");
       gets(man[i]. phone);
     }
    printf("name \ t \ t \ tphone \ n \ n");
    for(i=0; i<NUM; i++)
    printf("%s \ t \ t \ t%s \ n", man[i]. name, man[i]. phone);
}
```

本程序中定义了一个结构体 mem，它有两个成员 name 和 phone 用来表示姓名和电话号码。在主函数中定义 man 为具有 mem 类型的结构数组。在 for 语句中，用 gets 函数分别输入各个元素中两个成员的值，然后又在 for 语句中用 printf 语句输出各元素中两个成员值。

9.2 结构体指针变量

使用一个指针变量指向一个结构体变量时，该指针变量的值就是结构体变量的起始地址，指针变量也可以用来指向结构体数组中的数组元素，该变量称为结构体指针变量。

9.2.1 指向结构体变量的指针

定义结构体指针变量的一般形式为

struct 结构体名 *结构体指针变量名

例如，在前面的例 8.3 中定义了结构 stu，如要定义一个指向 stu 的指针变量 p，可写为

struct stu * p;

当然也可在定义 stu 结构体时同时定义 p。与前面讨论的各类指针变量相同，结构体指针变量也必须要先赋值后使用。赋值是把结构变量的首地址赋予该指针变量，不能把结构体名赋予该指针变量。

有了结构体指针变量，就能方便地访问结构体变量的各个成员。访问结构体成员的一般形式为

（＊结构体指针变量）. 成员名

或

结构体指针变量->成员名

例如：

（＊p）. num

或

p->num

应该注意（＊p）两侧的括号不可少，因为成员符"."的优先级高于"＊"。如去掉括号写作＊p. num 则等效于＊(p. num)，这样，其意义就完全不对了。下面通过例子来说明结构指针变量的定义和使用方法。

【例9.2.1】输入一个职工的信息，并根据录入的工资输出是否要交纳个人所得税（假设高于2000需纳税）。

```c
#include <stdio.h>
structstaff
{   int num;
    char name[20];
    float salary;
};
void main(void)
{   struct staff s, * p;
    p=&s;
    printf("请输入职工信息：\n");
    scanf("%d%s%f", &(*p).num, (*p).name, &(*p).salary);
    if (p->salary>2000)
        printf("%s 需要交纳个人所得税。\n", p->name);
    else
    printf("%s 不需要交纳个人所得税。\n", p->name);
}
```

【例9.2.2】用多种方法输出数组元素的值。

```c
#include <stdio.h>
struct stu
{
    int num;
    char name [15];
    float score;
} b={102,"Zhang ping", 78.5}, * p;
void main(void)
{
    p=&b;
    printf("Number=%d\tName=%s\t", b.num, b.name);
```

```
        printf("Score=%.1f\n", b. score);
        printf("Number=%d\tName=%s\t", (*p). num, (*p). name);
        printf("Score=%.1f\n", (*p). score);
        printf("Number=%d\tName=%s\t", p->num, p->name);
        printf("Score=%.1f\n", p->score);
    }
```

程序运行结果如下所示：

Number=102 Name=Zhang ping Score=78.5
Number=102 Name=Zhang ping Score=78.5
Number=102 Name=Zhang ping Score=78.5

该程序定义了一个结构体类型 stu，定义了 stu 类型结构变量 b 并作了初始化赋值，还定义了一个指向 stu 类型结构的指针变量 p。在 main 函数中，p 被赋予 b 的地址，因此 p 指向 b。然后在 printf 语句内用三种形式输出 b 的各个成员值。从运行结果可以看出如下三种用于表示结构体成员的形式是完全等效的：

结构体变量. 成员名

(*结构体指针变量). 成员名

结构体指针变量->成员名

9.2.2 指向结构体数组的指针

结构体指针变量可以指向一个结构体数组，这时结构体指针变量的值是整个结构体数组的首地址。结构体指针变量也可指向结构体数组中的一个元素，这时结构体指针变量的值是该结构体数组元素的首地址。设 p 为指向结构体数组的指针变量，则 p 也指向该结构体数组的 0 号元素，p+1 指向 1 号元素，p+i 则指向 i 号元素。这与普通数组的情况是一致的。

【例9.2.3】 输入 10 个职工信息，计算并输出平均工资。

```
#include <stdio. h>
struct staff
{   int num;
    char name[20];
    float salary;
};
void main(void)
{   struct staff s[10], *p;
    float sum, ave;
    sum=0;
    printf("请输入职工信息：\n");
    for(p=s; p<s+10; p++)
    {   scanf("%d%s%f", &(*p). num, (*p). name, &(*p). salary);
        sum=sum+p->salary;
    }
    ave=sum/10;
```

```
        printf("average=%.1f\n", ave);
}
```

【例9.2.4】用指针变量输出结构体数组。

```c
#include <stdio.h>
struct stu
{
    int num;
    char name[15];
    float score;
}b[5] = {
            {101,"Zhou ping", 45},
            {102,"Zhang ping", 62.5},
            {103,"Liu fang", 92.5},
            {104,"Cheng ling", 87},
            {105,"Wang ming", 58},
        };
void main(void)
{   struct stu *p;
    printf("No\tName\t\t\tScore\t\n");
    for(p=b; p<b+5; p++)
    printf("%d\t%s\t\t%f\t\n", ps->num, ps->name, ps->score);
}
```

关于该程序，说明如下几点：

(1)如果 p 指向 stu，即指向第一个元素，则 p+1 后，p 就指向下一个元素的起始地址。

(++p)->num 先使 p 自加 1，然后得到指定元素的成员 num 值，即 102；

(p++)->num 先得到 p->num 的值(即 101)，然后 p 自加 1，指向 sut[1]。

(2)一个结构体指针变量虽然可以用来访问结构体变量或结构体数组元素的成员，但是，不能使它指向一个成员。也就是说不允许取一个成员的地址来赋予它。因此，"p=&b[1].name;"是错误的。正确的为

p=b; /*赋予数组首地址*/

或

p=&b[0]; /*赋予 0 号元素首地址*/

9.2.3 结构体指针变量作函数参数

在 ANSIC 标准中允许用结构体变量作函数参数进行整体传送，但这种传送要将全部成员逐个传送，特别是成员为数组时将会使传送的时间和空间开销很大，从而严重地降低了程序的效率。因此，最好的办法就是使用指针，即用指针变量作函数参数进行传送。这时由实参传向形参的只是地址，从而减少了时间和空间的开销。

普通高等教育「十三五」规划教材

【例 9.2.5】 求一组学生成绩的最高分和不及格人数（用结构指针变量作函数参数编程）。

```c
#include <stdio.h>
struct stu
    {
        int num;
        char name[15];
        float score;}b[5]={
        {101,"Li ping", 45},
        {102,"Zhang ping", 62.5},
        {103,"He fang", 92.5},
        {104,"Cheng ling", 87},
        {105,"Wang ming", 58},
    };
void main(void)
{   struct stu  *p;
    void max(struct stu  *p);
    p=b;
        max(p);
}
void max(struct stu  *p)
{
    int c=0, i;
    float max=0;
    for(i=0; i<5; i++, p++)
    {
        if (p->score>max) max=p->score;
        if(p->score<60) c+=1;
    }
    printf("max=%.1f\ncount=%d\n", max, c);
}
```

该程序中定义了函数 max，其形参为结构体指针变量 p。b 被定义为外部结构体数组，因此在整个源程序中有效。在 main 函数中定义了结构体指针变量 p，并把 b 的首地址赋予它，使 p 指向 b 数组。然后以 p 作实参调用函数 max，在函数 max 中求最高分，并统计不及格人数，然后输出结果。由于该程序全部采用指针变量作运算和处理，故速度更快，程序效率更高。

9.3 用 typedef 命名已有数据类型

C 语言还允许在程序中用 typedef 定义新的类型名来代替已有的类型名。下面介绍 typedef 的几种用法。

(1)简单的名字替换。

typedef int INTEGER;

意思是将 int 型定义为 INTEGER，这二者等价，在程序中就可以用 INTEGER 作为类型名来定义变量了。例如：

INTEGER a，b；/＊相当于 int a，b；＊/

(2)定义一个结构体类型名，这是最常用的。

```
typedef struct
{
    char    name[20];
    long    num;
    float   score;
} STUDENT;
```

有了以上的定义，以后就可以用名字 STUDENT 来定义变量了。如：

STUDENT student1，student2，＊p；

(3)定义数组类型。

typedef int   COUNT[20]；   /＊定义 COUNT 为整型数组＊/

typedef char NAME[20]；   /＊定义 NAME 为字符数组＊/

COUNT a，b；   /＊a，b 为整型数组＊/

NAME   c，d；   /＊c，d 为字符数组＊/

(4)定义指针类型。

typedef char ＊STRING；   /＊定义 STRING 为字符指针类型＊/

STRING p1，p2，p[10]；   /＊p1，p2 为字符指针变量，p 为字符指针数组名＊/

(5)小结。

归纳起来，用 typedef 定义一个新类型名的方法如下：

① 先按定义变量的方法写出定义体(如 char a[20];)。

② 将变量名换成新类型名(如 char NAME[20];)。

③ 在最前面加上 typedef(如 typedef char NAME[20];)。

④ 然后可以用新类型名去定义变量(如 NAME c，d;)。

typedef 能建立一个新的类型名字，并未建立新的数据类型。其好处是，用 typedef 往往能增加程序的可读性。例如用 COUNT 去定义变量，使人一看就知道这些变量是用于统计的。此外，typedef 还有利于程序的移植，例如 32 位计算机上一个整型量占 4 个字节，如果把它移植到 16 位计算机(int 型为 2 个字节)上，并且数据范围超过−32768～32767 范围，整数赋给整型变量就会溢出。为此，可以在程序中加如下语句：

typedef int INTEGER；

然后用 INTEGER 定义所有整型变量，在向 16 位计算机移植时只需改动最前面的 typedef 定义即可：

typedef long INTEGER;

于是，所有用 INTEGER 定义的变量就都占 4 个字节，变成 long 型了。

9.4 动态内存分配

前面讲过，数组的长度是预先定义好的，在整个程序中固定不变。C 语言不允许动态数组类型。但在实际的应用中，往往会发生这种情况，即所需的内存空间取决于实际输入的数据，而无法预先确定。对于这种问题，用数组的办法很难解决。为此，C 语言提供了一些内存管理函数。这些内存管理函数可以按需要动态地分配内存空间，也可以把不再使用的空间回收待用，从而为有效地利用内存资源提供了一种有效的方法。

1. 函数 malloc

调用形式　（类型说明符＊）malloc（size）；

功能　在内存的动态存储区中分配一块长度为 size 字节的连续区域。函数的返回值为该区域的首地址。如果此函数未能成功地执行（如内存空间不足），则返回空指针（NULL）。

类型说明符　表示把该区域用于何种数据类型。（类型说明符＊）表示把返回值强制转换为该类型指针。size 是一个无符号数。例如：

pc＝（char ＊）malloc（100）；

表示分配 100 个字节的内存空间，并强制转换为字符数组类型，函数的返回值为指向该字符数组的指针，把该指针赋予指针变量 pc。

2. 函数 calloc

调用形式　（类型说明符＊）calloc（n，size）；

功能　在内存动态存储区中分配 n 块长度为 size 字节的连续区域。函数的返回值为该区域的首地址，如分配不成功，则返回空指针（NULL）。

（类型说明符＊）用于强制类型转换。calloc 函数与 malloc 函数的区别仅在于一次可以分配 n 块区域。例如：

ps＝（struct stu ＊）calloc（2，sizeof（struct stu））；

其中的 sizeof（struct stu）是求 stu 结构的长度。因此该语句的意思如下：按 stu 的长度分配 2 块连续区域，强制转换为 stu 类型，并把其首地址赋予指针变量 ps。

3. 函数 free

调用形式　free（void ＊ptr）；

功能　释放 ptr 所指向的一块内存空间，ptr 是一个任意类型的指针变量，它指向被释放区域的首地址。被释放区应是由 malloc 或 calloc 函数所分配的区域。

【例 9.4.1】分配一块区域，输入一个学生数据。

```
#include <stdio.h>
#include <malloc.h>
void main(void)
{   struct stu
    {
```

普通高等教育『十三五』规划教材

```
    int num;
    char * name;
    float score;
} * p;
p = ( struct stu * ) malloc ( sizeof ( struct stu ) );
p->num = 102;
p->name = "Zhang ping";
p->score = 62.5;
printf ( "Number = %d \ nName = %s \ n", p->num, p->name );
printf ( "Score = %. 1f \ n", p->score );
free ( p );
}
```

程序运行结果如下所示：

Number = 102

Name = Zhang ping

Score = 62.5

该程序定义了结构体 stu 和 stu 类型指针变量 p。然后分配一块 stu 内存区，并把首地址赋予 p，使 p 指向该区域。再以 p 为指向结构体的指针变量对各成员赋值，并用 printf 输出各成员值。最后用 free 函数释放 p 指向的内存空间。

9.5　链表的构造与处理

在例 9.4.1 程序中，包含了申请内存空间、使用内存空间、释放内存空间三个步骤，实现了存储空间的动态分配。其中就用到了链表的概念，链表是一种常见的数据结构，它是动态地进行分配的一种结构。例 9.4.1 中采用了动态分配的办法为一个结构分配内存空间。每一次分配一块空间用来存放一个学生的数据，我们称它为一个结点。有多少个学生就应该申请分配多少块内存空间，也就是说要建立多少个结点。当然用结构体数组也可以完成上述工作，但如果预先不能准确把握学生人数，也就无法确定数组大小。而且当学生留级、退学之后也不能把该元素占用的空间从数组中释放出来。用动态存储的方法可以很好地解决这个问题。有一个学生就分配一个结点，无需预先确定学生的准确人数，某学生退学，可删除该结点，并释放该结点占用的存储空间。从而节约了宝贵的内存资源。另一方面，用数组的方法必须占用一块连续的内存区域。而使用动态分配时，每个结点之间可以是不连续的(结点内是连续的)。结点之间的联系可以用指针实现。即在结点结构中定义一个成员项用来存放下一结点的首地址，这个用于存放地址的成员，常把它称为指针域。可在第一个结点的指针域内存入第二个结点的首地址，在第二个结点的指针域内存放第三个结点的首地址，如此串连下去直到最后一个结点。最后一个结点因无后续结点连接，其指针域可赋为 null。这样的一种连接方式，在数据结构中称为"链表"。图 9.5.1 为链表示意图。

在图 9.5.1 中，第 0 个结点称为头结点，它存放有第一个结点的首地址，它没有数据，只是一个指针变量。以下的每个结点都分为两个域，一个是数据域，存放各种实际的数据，如学号 num，姓名 name，性别 sex 和成绩 score 等。另一个域为指针域，存放下一结点的首

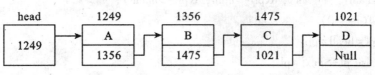

图 9.5.1 链表示意图

地址。链表中的每一个结点都是同一种结构体类型。例如，一个存放学生学号和成绩的结点应为以下结构体：

```
struct stu
{
    int num;
    int score;
    struct stu * next;
}
```

前两个成员项组成数据域，后一个成员项 next 构成指针域，它是一个指向 stu 类型结构的指针变量。

9.5.1 简单链表的建立

下面通过一个例子来说明如何建立一个简单链表。

【例 9.5.1】建立一个三个结点的链表，存放学生数据。为简单起见，我们假定学生数据结构中只有学号和姓名两项。

可编写一个建立链表的函数 creat。程序如下：

```
#include <stdio. h>
#include <malloc. h>
#define NULL 0
#define TYPE struct stu
#define LEN sizeof (struct stu)
struct stu
{
    int num;
    char name[20];
    struct stu * next;
};
TYPE * creat(int n)
{
    struct stu * head, * pf, * pb;
    int i;
    for(i=0; i<n; i++)
    {
        pb=(TYPE *) malloc(LEN);
        printf("input Number and Name \ n");
```

```
        scanf("%d%s", &pb->num, &pb->name);
        if(i==0)
        pf=head=pb;
        else pf->next=pb;
        pb->next=NULL;
        pf=pb;
    }
    return(head);
}
```

在函数外首先用宏定义对三个符号常量作了定义。这里用 TYPE 表示 struct stu,用 LEN 表示 sizeof(struct stu),主要的目的是为了在以下程序内减少书写并使阅读更加方便。结构 stu 定义为外部类型,程序中的各个函数均可使用该定义。

creat 函数用于建立一个有 n 个结点的链表,它是一个指针函数,它返回的指针指向 stu 结构。在 creat 函数内定义了三个 stu 结构的指针变量。head 为头指针,pf 为指向两相邻结点的前一个结点的指针变量。pb 为后一结点的指针变量。在 for 语句内,用 malloc 函数建立长度与 stu 长度相等的空间作为一个结点,首地址赋予 pb。然后输入结点数据。如果当前结点为第一结点(i==0),则把 pb 值(该结点指针)赋予 head 和 pf。如非第一结点,则把 pb 值赋予 pf 所指结点的指针域成员 next。而 pb 所指结点为当前的最后结点,其指针域赋予 NULL。再把 pb 值赋予 pf 以作下一次循环准备。

creat 函数的形参 n,表示所建链表的结点数,作为 for 语句的循环次数。可以在 main( ) 函数中调用 creat 函数。

```
void main(void)
{   creat(3);
}
```

9.5.2 链表的查找

【例 9.5.2】写一个函数,在链表中按学号查找该结点。

```
#define TYPE struct stu
TYPE * search (TYPE * head, int n)
{
    TYPE * p;
    int i;
    p=head;
    while (p->num! =n && p->next! =NULL)
        p=p->next; /* 不是要找的结点则后移一步 */
    if (p->num==n) return (p);
    if (p->num! =n&& p->next==NULL)
    printf ("Node %d has not been found! \ n", n);
}
```

该函数有两个形参,head 是指向链表的指针变量,n 为要查找的学号。进入 while 语句,逐个检查结点的 num 成员是否等于 n，如果不等于 n 且指针域不等于 NULL（不是最后结点）则后移一个结点，继续循环。如找到该结点则返回结点指针。如循环结束仍未找到该结点则输出"未找到"的提示信息。

9.5.3 链表的删除

【例9.5.3】写一个函数，删除链表中的指定结点。

删除一个结点有如下两种情况：

一是被删除结点是第一个结点。这种情况只需使 head 指向第二个结点即可，即 head = pb->next。

二是被删除结点不是第一个结点。这种情况使被删结点的前一结点指向被删结点的后一结点即可，即 pf->next = pb->next。

```
#define TYPE struct stu
TYPE * delete(TYPE * head, int num)
{
    TYPE * pf, * pb;
    if(head==NULL) /*如为空表，则输出提示信息*/
    {   printf(" \ nempty list! \ n");
        goto end;}
    pb=head;
    while (pb->num! =num && pb->next! =NULL)
        /*当不是要删除的结点，而且也不是最后一个结点时，继续循环*/
    {pf=pb; pb=pb->next;}/*pf 指向当前结点，pb 指向下一结点*/
    if(pb->num==num)
    {   if(pb==head) head=pb->next;
        /*如找到被删结点，且为第一结点，则使 head 指向第二个结点，
        否则使 pf 所指结点的指针指向下一结点*/
        else pf->next=pb->next;
        free(pb);
        printf("The node is deleted \ n");}
    else
        printf("The node not been found! \ n");
    end:
    return head;
}
```

函数有两个形参，head 为指向链表第一结点的指针变量，num 为被删结点的学号。首先判断链表是否为空，为空则不可能有被删结点。若不为空，则使 pb 指针指向链表的第一个结点。进入 while 语句后逐个查找被删结点。找到被删结点之后再看是否为第一结点，若是则使 head 指向第二结点（即把第一结点从链中删去），否则使被删结点的前一结点（pf 所指）指向被删结点的后一结点（被删结点的指针域所指）。如若循环结束未找到要删的结点，则输出"未找到"的提示信息。最后返回 head 值。

9.5.4 链表的插入

【例9.5.4】写一个函数,在链表中指定位置插入一个结点。

在一个链表的指定位置插入结点,要求链表本身必须是已按某种规律排好序的。例如,在学生数据链表中,要求按学号顺序插入一个结点。设被插结点的指针为pi,可在如下四种不同情况下插入。

(1)原表是空表,只需使head指向被插结点即可。

(2)被插结点值最小,应插入第一结点之前。这种情况下,使head指向被插结点,被插结点的指针域指向原来的第一结点则可。即

pi->next=pb;

head=pi;

(3)在其他位置插入。这种情况下,使插入位置的前一结点的指针域指向被插结点,使被插结点的指针域指向插入位置的后一结点。即

pi->next=pb;

pf->next=pi;

(4)在表末插入。这种情况下,使原表末结点指针域指向被插结点,被插结点指针域置为NULL。即

pb->next=pi;

pi->next=NULL;

```
TYPE * insert(TYPE * head, TYPE * pi)
{
    TYPE * pf, * pb;
    pb=head;
        if(head==NULL) /*空表插入*/
    {   head=pi;
        pi->next=NULL;}
    else
{
    while((pi->num>pb->num)&&(pb->next!=NULL))
    {   pf=pb;
        pb=pb->next;}/*找插入位置*/
    if(pi->num<=pb->num)
    {   if(head==pb)head=pi; /*在第一结点之前插入*/
        else pf->next=pi; /*在其他位置插入*/
        pi->next=pb;}
    else
{   pb->next=pi;
        pi->next=NULL;}/*在表末插入*/
    }
    return head;}
```

该函数有两个形参均为指针变量，head 指向链表，pi 指向被插结点。函数中首先判断链表是否为空，为空则使 head 指向被插结点。表若不空，则用 while 语句循环查找插入位置。找到之后再判断是否在第一结点之前插入，若是则使 head 指向被插结点，被插结点指针域指向原第一结点，否则在其他位置插入；若插入的结点大于表中所有结点，则在表末插入。该函数返回一个指针，是链表的头指针。当插入的位置在第一个结点之前时，插入的新结点成为链表的第一个结点，因此 head 的值也有了改变，故需要把这个指针返回主调函数。

9.5.5 链表的输出

【例9.5.5】将以上建立链表、删除结点、插入结点的函数组织在一起，再建一个输出全部结点的函数，然后用 main 函数调用它们。

```c
#include <stdio.h>
#include <malloc.h>
#define NULL 0
#define TYPE struct stu
#define LEN sizeof(struct stu)
struct stu
{
    int num;
    int name;
    struct stu * next;
};
TYPE * creat(int n)
{
    struct stu * head, * pf, * pb;
    int i;
    for(i=0; i<n; i++)
    {
        pb=(TYPE *)malloc(LEN);
        printf("input Number and Name \ n");
        scanf("%d%s", &pb->num, &pb->name);
        if(i==0)
        pf=head=pb;
        else pf->next=pb;
        pb->next=NULL;
        pf=pb;
    }
    return(head);
}
TYPE * delete(TYPE * head, int num)
{
```

```
        TYPE  * pf,  * pb;
        if( head = = NULL)
        { printf(" \ nempty list!  \ n");
        goto end;}
        pb = head;
        while ( pb->num! = num && pb->next! = NULL)
        {pf = pb;  pb = pb->next;}
        if( pb->num = = num)
        { if( pb = = head) head = pb->next;
         else pf->next = pb->next;
         printf("The node is deleted \ n"); }
        else
        free( pb);
        printf("The node not been found!  \ n");
        end:
        return head;
}
TYPE  * insert(TYPE  * head, TYPE  * pi)
{
        TYPE  * pb ,  * pf;
        pb = head;
        if( head = = NULL)
{ head = pi;
pi->next = NULL; }
else
{
        while((pi->num>pb->num)&&(pb->next! = NULL))
        {   pf = pb;
            pb = pb->next; }
        if( pi->num< = pb->num)
        {   if( head = = pb) head = pi;
            else pf->next = pi;
            pi->next = pb; }
        else
        {   pb->next = pi;
            pi->next = NULL; }
        }
        return head;
}
void print(TYPE  * head)
```

```
    {
        printf("Number \ t \ tName \ n");
        while(head! = NULL)
        {
            printf("%d \ t \ t%s \ n", head->num, head->name);
            head = head->next;
        }
    }

    Void main(void)
    {
        TYPE * head, * pnum;
        int n, num;
        printf("input number of node: ");
        scanf("%d", &n);                        /* 输入所建链表的结点数 */
        head = creat(n);                        /* 建立链表并把头指针返回给
head */
        print(head);
        printf("Input the deleted number: ");
        scanf("%d", &num);                      /* 输入待删结点的学号 */
        head = delete(head, num);               /* 删除一个结点 */
        print(head);                            /* 输出链表 */
        printf("Input the inserted number and name: ");
        pnum = (TYPE * )malloc(LEN);            /* 分配一个结点的内存空间
*/
        scanf("%d%s", &pnum->num, &pnum->name); /* 输入待插入结点的数据域
值 */
        head = insert(head, pnum);              /* 插入 pnum 所指的结点 */
        print(head);                            /* 再次调用 print 函数输出链表
*/
    }
```

该程序中，print 函数用于输出链表中各个结点的数据域值。函数的形参 head 的初值指向链表第一个结点。在 while 语句中，输出结点值后，head 值被改变，指向下一结点。若保留头指针 head，则应另设一个指针变量，把 head 值赋予它，再用它来替代 head。在 main 函数中，n 为建立结点的数目，num 为待删结点的数据域值；head 为指向链表的头指针，pnum 为指向待插结点的指针。

9.6   实训 7

1. 定义一个名为 book 的结构体类型。该类型用来表示一本图书的信息，包含图书名称、作者、价格等成员。

参考代码如下:

```
struct book
{
    char    no[10];              // 登录号
    char    name[100];           // 书名
    char    writer[50];          // 作者名
    char    classifiction[10];   // 分类号
    char    unit[100];           // 出版单位
    char    time[50];            // 出版时间
    char    price[10];           // 价格
};
```

2. 定义一个名为 data 的结构体类型，该类型表示图书库信息及图书总数，并定义一个名为 dd 的此类型变量。

参考代码如下:

方法一:

```
struct data //定义结构体类型
{
    int count;
    struct book b[MAX];
};
struct data dd; //定义结构体变量
```

或者定义结构的同时定义结构体变量 dd。

方法二:

```
struct data
{
    int count;
    struct book b[MAX];
} dd;
```

3. 编写一个函数，输入一本图书的信息，并输出。

参考代码如下:

```
//输入图书记录
void add_data()
{
    struct book st;
    printf("\n请输入图书信息:");
    printf("\n登录号\t书名\t作者名\t分类号\t出版单位\t出版时间\t价格");
    printf("\n------------------------------------------------------------------------------\n");
    scanf("%s%s%s%s%s%s%s", st.no, st.name, st.writer, st.classifiction, st.unit,
```

```
st. time, st. price);
    printf("%s\t%s\t%s\t%s\t%s\t%s\t%s\t\n", st. no, st. name, st. writer,
st. classifiction, st. unit, st. time, st. price);
    }
```

4. 将实训 5 中的图书管理系统，改由结构体实现

参考代码如下：

```
#include <stdio. h>
#include <io. h>
#include <stdlib. h>
#include <string. h>
#define MAX 1000
struct book
{
    char    no[10];                 // 登录号
    char    name[100];              // 书名
    char    writer[50];             // 作者名
    char    classifiction[10];      // 分类号
    char    unit[100];              // 出版单位
    char    time[50];               // 出版时间
    char    price[10];              // 价格
};
struct data
{
    int count;
    struct book b[MAX];
} dd;
//显示主菜单
void menu()
{
    system("cls");
    printf("\n");
    printf("\t\t\t*****************************\n");
    printf("\t\t\t*                           *\n");
    printf("\t\t\t*       图书信息管理系统      *\n");
    printf("\t\t\t*                           *\n");
    printf("\t\t\t*     [0]退出                *\n");
    printf("\t\t\t*     [1]查看所有图书信息     *\n");
    printf("\t\t\t*     [2]输入图书记录         *\n");
    printf("\t\t\t*     [3]删除图书记录         *\n");
    printf("\t\t\t*     [4]查询                *\n");
```

普通高等教育『十三五』规划教材

```
        printf(" \ t \ t \ t *         [5]排序              * \ n");
        printf(" \ t \ t \ t *                             * \ n");
        printf(" \ t \ t \ t ***************************** \ n");
//查看所有图书信息
view_data( )
{



}
//输入图书记录
add_data( )
{




}
//删除图书记录
delete_data( )
{




}
//查询图书信息
query_data( )
{




}
//对图书进行排序
sort_data( )
{
```

```
}
void main( )
{
    int fun;
    while(1)
    {   menu( );
        printf("请输入功能号[0-5]:", &fun);
        scanf("%d", &fun);
            switch(fun)
            {
                case 0:            // 退出
                    break;
                case 1:            // 查看所有图书信息
                    view_data( );
                    break;
                case 2:            // 输入图书记录
                    add_data( );
                    break;
                case 3:            // 删除图书记录
                    delete_data( );
                    break;
                case 4:            // 查询
                    query_data;
                    break;
case 5:              // 排序
                    sort_data;
                    break;
            }
        if(fun==0) break;
    printf("\n\n\n按回车键返回主菜单...");
    getchar( );
    }
}
```

习   题

1. 结构体数组的输入和输出。
构造一个如下所示的 student 结构:
struct student
{int num;

```
char name[20];
char sex;
int age;
float score;
char addr[30];
};
```

定义一个 class1[5]数组，存放 5 名同学的成绩，编写程序，实现数组元素的输入和输出。

2. 查找结构体数组的最大值。

构造一个如下所示的 book 结构：

```
struct book
{int isbn;
char book_name[20];
char author[20];
float price;
};
```

定义一个 book[5]数组，存放 5 本图书的信息，编写程序，实现数组元素的输入，并用循环查找价格最高的图书。将此图书的全部信息显示出来。

3. 按书名查找图书。

构造一个如下所示的 book 结构：

```
struct book
{int isbn;
char book_name[20];
char author[20];
float price;
};
```

定义一个 book[5]数组，存放 5 本图书的信息，编写程序，实现数组元素的输入，提示用户输入要查找的图书名称(存入一个字符数组中)，并用循环进行查找。找到后将此图书的全部信息显示出来，否则提示"查无此书"。

4. 图书修改功能的实现。

构造一个如下所示的 book 结构：

```
struct book
{int isbn;
char book_name[20];
char author[20];
float price;
};
```

定义一个 book[5]数组，存放 5 本图书的信息，编写程序，实现数组元素的输入，提示用户输入要修改的图书名称(存入一个字符数组中)，并用循环进行查找。找到后，提示用户修改除书名之外的各项内容，否则提示"查无此书"。

5. 图书删除功能的实现。

构造一个如下所示的 book 结构：

```
struct book
{int isbn;
char book_name[20];
char author[20];
float price;
};
```

定义一个 book[5] 数组，存放 5 本图书的信息，编写程序，实现数组元素的输入，提示用户输入要删除的图书名称(存入一个字符数组中)，并用循环进行查找。找到后，将此元素从数组中删除(后续元素依次向前移动)，并输出此时前四本图书(book[0] 到 book[3])的信息。否则提示"查无此书"。

6. 构造一个存储图书信息的链表，并实现结点的添加、删除、修改以及查询操作。

普通高等教育『十三五』规划教材

第10章 文   件

10.1 概述

简单变量和数组等数据一般都存放在内存中。当程序运行结束后，这些数据将被释放。如果需要长期保存数据，就必须将其以文件的形式存储到外部存储介质上。从操作系统的角度看，文件指一组相关数据的有序集合。操作系统将文件存储在外部介质(如磁盘)上，用文件名对其进行读、写、修改和删除等操作。文件的命名方法与操作系统有关，在 DOS 系统中，文件名的结构为：主文件名 . 扩展名，如：test. txt，data. c 等。规定文件名最多由 8 个字符组成，扩展名最多由 3 个字符组成。

在 C 语言的文件操作中，假如从磁盘写入一个字节或读出一个字节的数据，都启动磁盘文件，将会大大降低系统的效率，而且还降低磁盘驱动器的使用寿命。为此在文件系统中通常使用缓冲技术，即在内存中为每一个正在读写的文件开辟一个"缓冲区"，利用缓冲区完成文件的读写操作。

当从磁盘文件读数据时，应用程序先由系统将一批数据从磁盘读取内存的"输入文件缓冲区"中，然后再由应用程序的读操作从缓冲区一次将数据送给程序中的接受变量，共程序处理。写操作也是通过"输出文件缓冲区"进行的，其过程如图 10.1.1 所示。

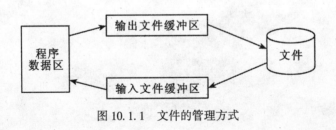

图 10.1.1 文件的管理方式

10.1.1 文件的存储方式

了解了操作系统对文件的管理方式之后，我们来分析数据是以怎样的形式在文件中存储的。总体来说，在 C 语言使用的磁盘文件系统中，数据文件的存储形式有两种：一种以字符形式存放，这种文件称为文本文件，也称为字符文件；另一种是以二进制代码形式存放，这种文件称为二进制文件。

文本文件，在磁盘中存放时每个字符对应一个字节，用于存放对应的 ASCII 码，其文件内容就是字符。例如，数5678的存储形式为：00110101 00110110 00110111 00111000 分别对应数字 5，6，7，8 的 ASCII。在磁盘上，共占用 4 个字节。

文本文件可在屏幕上按字符显示。由于是按字符显示，因此能够直接读懂文件内容。文本文件便于对字符进行逐个处理，也便于输出字符。但一般占用存储空间较多，而且要花费转换时间(二进制与 ASCII 码之间的转换)。

二进制文件是按二进制的编码方式来存放文件的。例如，数 5678 的存储形式为：00010110 00101110，只占两个字节。

二进制文件可以节省存储空间和转换时间，但 1 个字节并不对应 1 个字符，不能直接输出字符形式。二进制文件虽然也可在屏幕上显示，但其内容无法读懂(这也就是所谓的"乱码")。对于中间结果数据需要暂时保存在外存上，以后还需要输入内存的，一般常用二进制文件保存。

10.1.2 文件类型的指针

在缓冲文件系统中给每个打开的文件都在内存中开辟一个区域，用于存放文件的有关信息(如文件名、文件位置等)。这些信息保存在一个由系统定义的结构类型变量中，类型名为 FILE。

Turbo C 在 stdio.h 文件中有以下的文件类型声明：

```
typedef struct
{    short level;        /*缓冲区"满"或"空"的程度*/
     unsigned flags;    /*文件状态标志*/
     char fd;           /*文件描述符*/
     unsigned char hold;   /*如无缓冲区不读取字符*/
     short bsize;       /*缓冲区的大小*/
     unsigned char * buffer;  /*数据缓冲区的位置*/
     unsigned char * curp;   /*指针，当前的指向*/
     unsigned istemp;   /*临时文件，指示器*/
     short token;    /*用于有效性检查*/} FILE;
```

操作系统通过此结构类型变量感知文件的存在。但程序中通常不用变量名来标识文件类型结构体变量，而是设置一个文件型指针变量，通过它来访问结构体变量，例如：

```
FILE    * fp;
```

fp 是一个指向 FILE 类型结构体的指针变量。可以使 fp 指向某一个文件的结构体变量，从而通过该结构体变量中的文件信息访问该文件。如果有 n 个文件，一般应设 n 个指针变量，使它们分别指向 n 个文件，以实现对文件的访问。在 C 语言中，对已打开的文件进行输入/输出操作是通过指向该文件结构的指针变量实现的。

10.2 文件的打开和关闭

在 C 语言中，文件操作都是由库函数来完成的，对文件操作的库函数，其函数原型均在头文件 stdio.h 中。对文件进行操作之前，必须先打开该文件；文件使用结束后，必须关闭文件，以免文件数据丢失。C 语言规定了标准输入/输出函数库：用 fopen() 函数打开一个文件，用 fclose() 函数关闭一个文件。

10.2.1 打开文件

fopen 函数用来打开一个文件，其调用的一般形式为

文件指针名=fopen(文件名，文件操作方式)；

其中，"文件指针名"必须是被说明为 FILE 类型的指针变量，"文件名"是被打开文件的文件名。"文件操作方式"是指文件的类型和操作要求。

例如：

FILE * fp；

fp=("data1.txt","r")；

上述两行程序的意义是，在当前目录下打开文件"data1.txt"，打开文件后只允许对文件进行"读"操作，并使 fp 指向该文件。

又如：

FILE * fp1；

Fp1=("d：\ \ a1.dat","rb")；

的意义是，打开 C 驱动器磁盘根目录下的文件"a1.dat"，"rb"表示只允许按二进制方式进行读操作。。

fopen()函数的功能是：返回一个指向指定文件的指针。如果不能实现打开指定文件的操作，则 fopen()函数返回一个空指针 NULL(其值在头文件 stdio.h 中被定义为 0)。

文件的打开方式共有 12 种，如表 10.2.1 所示。

表 10.2.1　　　　　　　　　　　文件的打开方式

打开方式	意　义	指定文件存在时	指定文件不存在时
"r"	打开一个文本文件，只允许读数据	正常打开	出错
"w"	打开或建立一个文本文件，只允许写数据	文件原有内容丢失	建立新文件
"a"	打开一个文本文件，并在文件末尾写数据	在文件原有内容末尾添加	建立新文件
"rb"	打开一个二进制文件，只允许读数据	正常打开	出错
"wb"	打开或建立一个二进制文件，只允许写数据	文件原有内容丢失	建立新文件
"ab"	打开一个二进制文件，并在文件末尾写数据	在文件原有内容末尾添加	建立新文件
"rt+"	打开一个文本文件，允许读和写	正常打开	出错
"wt+"	打开或建立一个文本文件，允许读和写	文件原有内容丢失	建立新文件
"at+"	打开一个文本文件，允许读，或在文件末尾追加数据	在文件原有内容末尾添加	建立新文件
"rb+"	打开一个二进制文件，允许读和写	正常打开	出错
"wb+"	打开或建立一个二进制文件，允许读和写	文件原有内容丢失	建立新文件
"ab+"	打开一个二进制文件，允许读，或在文件末尾追加数据	在文件原有内容末尾添加	建立新文件

关于文件的打开方式，说明如下几点：

（1）文件使用方式由 r，w，t，a，b，+几个字符拼成，字符的含义如下：

r（read）　　　　　　　读

w（write）　　　　　　写

t（text）　　　　　　　文本文件，可省略不写

a（append）　　　　　追加

b（banary）　　　　　二进制文件

+　　　　　　　　　　读和写

（2）凡用"r"打开文件时，该文件必须已经存在，且只能从该文件读出。

（3）用"w"打开的文件只能向该文件写入。若打开的文件不存在，则以指定的文件名建立该文件，若打开的文件已经存在，则将该文件删去，重建一个新文件。

（4）若要向一个已存在的文件追加新的信息，只能用"a"方式打开文件。但此时该文件必须是存在的，否则将会出错。

（5）在打开一个文件时，如果出错，fopen 将返回一个空指针 NULL。在程序中可以用这一信息来判别是否完成打开文件的工作，并作相应的处理。因此常用以下程序段打开文件：

```
if((fp=fopen("文件名","操作方式"))==NULL)
    { printf("can not open this file \ n");
        exit(0);
    }
```

这段程序的意义是，如果返回指针为空，则打开文件失败，同时给出提示信息"can not open this file"，然后执行 exit(0)退出程序。

10. 2. 2　关闭文件

文件一旦使用完毕，应用关闭文件函数把文件关闭，以避免文件的数据丢失等错误。

关闭文件的函数为 fclose( )。

fclose 函数调用的一般形式为

fclose(文件指针);

例如：

fclose(fp);/*关闭 fp 所指向的文件*/

该函数在关闭文件前，清除与文件有关的所有缓冲区。正常完成关闭文件操作时，fclose 函数返回值为 0，如返回非零值则表示有错误发生。

10. 3　文件的读写

文件打开之后，就可以对它进行操作了。文件的读操作和写操作是最常用的文件操作。C 语言提供了多种文件读/写的函数，如：

字符输入函数和输出函数：fgetc 和 fputc。

字符串输入函数和输出函数：fgets 和 fputs。

格式化输入函数和输出函数：fscanf 和 fprinf。

数据块输入函数和输出函数：fread 和 fwrite。

10.3.1 字符的读取和写入

字符输入/输出函数是以字符为单位的读/写函数。每次可从文件读出或向文件写入一个字符。

1. fgetc 函数

fgetc 函数的功能是从指定的文件中读一个字符，同时将读指针向前移动 1 个字节(即指向下一个字符)。该函数的返回值为读取的字符，可以将它赋给一个字符变量，或直接操作。

fgetc 函数调用的形式如下：

字符变量=fgetc(文件指针)；

例如：

ch=fgetc(fp)；

该语句的意义是：从打开的文件 fp 中读取一个字符并送入 ch 中，同时将指针 fp 移动到下一个字符。

下面进行几点说明，它们适用于任何文件读写操作。

(1) 函数读取的文件必须是以读或读写的方式打开的文件。

(2) 位置指针。用来指向文件的当前读写字节。在文件打开时，该指针总是指向文件的第一个字节。使用 fgetc 函数后，该位置指针将向后移动一个字节。因此可连续多次使用 fgetc 函数，读取多个字符。应注意文件指针和文件内部的位置指针不是一回事。文件指针是指向整个文件的，须在程序中定义说明，只要不重新赋值，文件指针的值是不变的。文件内部的位置指针用以指示文件内部的当前读写位置，每读写一次，该指针均向后移动，它不需在程序中定义说明，而是由系统自动设置的。

(3) 文件的结束。

在读取文件时，我们应该知道所有内容是否已经全部读取完毕。C 语言提供了 feof( ) 函数来判断文件是否真的结束。如果是文件结束，函数 feof(fp) 的值为 1(真)；否则为 0(假)。例如：

```
while(! feof(fp))
{
    ch = fgetc(fp);
}
```

【例 10.3.1】在 d 盘上创建文本文件 data1. txt，并在该文件里输入一定内容，然后编写程序读取该文件，在屏幕上输出。

```
/*程序功能：顺序显示一个磁盘文本文件*/
#include<stdio. h>
#include <stdlib. h>
void main( )
{
    FILE * fp；
    char ch；
    if((fp=fopen("D：// data1. txt","r"))= =NULL)/*打开文件*/
```

```
        {
            printf("Cannot open file !");
            exit(1);
        }
    ch=fgetc(fp);   /* 顺序读取 1 个字符 */
    while(! feof(fp))
        {
            putchar(ch);   /* 显示读取的字符 */
            ch=fgetc(fp);   /* 顺序读取 1 个字符 */
        }
    fclose(fp);   /* 关闭打开的文件 */
}
```

该程序的功能是从文件中逐个读取字符，在屏幕上显示。如打开文件出错，给出提示并退出程序。exit 函数的功能是，关闭已打开的所有文件，结束程序运行，返回操作系统，并将程序状态值返回给操作系统。当程序状态值为 0 时，表示程序正常退出；为非 0 值时，表示程序出错退出。

2. fputc 函数

fputc 函数的功能是把一个字符写入指定的文件中，函数调用的形式为

fputc(字符变量，文件指针)；

其中，待写入的字符变量可以是字符常量或变量。例如：

fputc('a', fp)；

的意义是把字符 a 写入 fp 所指向的文件中。

fputc 函数有一个返回值，如写入成功则返回写入的字符，否则返回一个 EOF。可用此来判断写入是否成功。

【例 10.3.2】从键盘输入一行字符，将其写入一个文件中。

```
#include<stdio. h>
#include <stdlib. h>
main()
{
    FILE * fp;
    char ch;
    if((fp=fopen("d：\ \ file2. txt","w"))= =NULL)   /* 以写的方式创建一个文件 */
        {
            printf("Cannot open file strike any key exit!");
            getch();
            exit(1);
        }
    printf("Please input a string：\ n");
    ch=getchar();   /* 读取 1 个字符 */
```

普通高等教育『十三五』规划教材

```
        while (ch! =' \ n')
        {
            fputc(ch, fp); /＊写入到文件中＊/
            ch = getchar();
        }
        fclose(fp); /＊关闭文件＊/
    }
```

程序中的功能是利用 while 循环从键盘逐个输入字符，并写入已打开的文件中。以换行为结束标志。程序运行完毕后，可以用记事本打开 file2. txt 文件，查看其中的内容。

字符输入输出函数不仅用于文本文件的输入/输出，也可用于二进制文件的输入/输出。

【例 10.3.3】复制一个二进制文件，利用 main 参数，在输入命令行时将两个文件名输入。

```
/＊程序功能：复制一个二进制文件，利用 main 参数，在输入命令行时将两个文件名输入。＊/
/＊使用格式：可执行文件名　源文件　目标文件＊/
#include <stdlib. h>
#include <stdio. h>
void main( int argc, char ＊argv[ ] )
{
    FILE ＊in, ＊out; /＊源文件和目标文件的文件指针＊/
    char ch;
    if ( argc! =3)
    {
        printf( "You forgot to enter a filename \ n" );
        exit(0);
    }
    if( ( in = fopen( argv[1] ,"rb" ) ) = =NULL)
    {
        printf( "cannot open infile \ n" );
        exit(0);
    }
    if( ( out = fopen( argv[2] ,"wb" ) ) = =NULL)
    {
        printf( "cannot open outfile \ n" );
        exit(0);
    }
    while( ! feof(in) )
    {
        ch = fgetc(in);
        putchar(ch);
```

```
        fputc(ch, out);
    }
    fclose(in);
    fclose(out);
}
```

该程序为带参数的 main 函数。程序中定义了两个文件指针 in 和 out，分别指向命令行参数中给出的文件。如命令行参数中没有给出文件名，则给出提示信息。程序用循环语句逐个读出文件 1 中的字符再送到文件 2 中。同时在显示器上显示文件内容。

程序编译通过后生成可执行文件(例如：文件名为 filecopy.exe)，并将其拷贝至 C 盘根目录中，然后在 Windows XP 操作系统的命令提示符方式下输入该文件名，以及要复制的二进制源文件名和目标文件名，回车即开始运行该程序，例如：filecopy yuan.txt mubiao.txt。复制完毕后将复制的内容显示在屏幕上。

10.3.2 字符串输入函数和输出函数

1. fgets 函数

读字符串函数 fgets 函数的功能是从指定的文件中读一个字符串到字符数组中。函数调用的形式为

fgets(字符数组名, n, 文件指针);

其中的 n 是一个正整数。表示从文件中读出的字符串不超过 n-1 个字符。在读入的最后一个字符后加上串结束标志'\0'。

例如：

fgets(str, n, fp);

该行程序的意义是从 fp 所指的文件中读出 n-1 个字符送入字符数组 str 中。

【例 10.3.4】从 string.txt 文件中读入一个含 20 个字符的字符串。

```
#include<stdio.h>
main()
{
    FILE *fp;
    char str[21];
    if((fp=fopen("string.txt","r"))==NULL)
    {
        printf("Cannot open file strike any key exit!");
        getch();
        exit(1);
    }
    fgets(str, 21, fp);
    printf("\n%s\n", str);
    fclose(fp);
}
```

本例定义了一个字符数组 str 共 21 个字节，在以读文本文件方式打开文件 string.txt 后，

从中读出 20 个字符送入 str 数组，在数组最后一个单元内将加上′\0′，然后在屏幕上显示输出 str 数组。

在使用 fgets 函数时，如果在读出 n-1 个字符之前，如遇到了换行符或 EOF，则读出结束。

2. fputs 函数

fputs 函数的功能是向指定的文件写入一个字符串，其调用形式为：

fputs(字符串，文件指针);

其中字符串可以是字符串常量，也可以是字符数组名，或指针变量，例如：

fputs("C Language", fp);

其意义是把字符串"C Language"写入 fp 所指的文件之中。

【例 10.3.5】新建文件 string2. txt，并写入一个字符串。

```
#include<stdio. h>
main( )
{
  FILE  * fp;
  char ch, str[20];
  if((fp=fopen("string. txt","w"))==NULL)
  {
    printf("Cannot open file strike any key exit!");
    getch( );
    exit(1);
  }
  printf("input a string: \n");
  scanf("%s", st);
  fputs(str, fp);
  fclose(fp);
}
```

本例以写文本文件的方式打开文件 string. txt。然后输入字符串。

10.3.3　按格式读取和写入

fscanf 函数，fprintf 函数与前面使用的 scanf 和 printf 函数的功能相似，都是格式化读写函数。两者的区别在于 fscanf 函数和 fprintf 函数的读写对象不是键盘和显示器，而是磁盘文件。这两个函数的调用格式为

fscanf(文件指针，格式字符串，输入表列);

fprintf(文件指针，格式字符串，输出表列);

例如：

fscanf(fp,"%d%s", &i, s);

fprintf(fp,"%d%c", j, ch);

【例 10.3.6】从键盘将两条学生记录输入到结构体数组中，再将该结构体数组中存放的记录用 fprintf 函数写入文件 stu. txt 中。

```c
#include<stdio. h>
struct stu
{
    char name[10];
    int num;
    int age;
    char addr[15];
}stu[2], * sp=stu;
main( )
{
    FILE * fp;
    char ch;
    int i;
    if( ( fp=fopen("stu. txt","w"))= =NULL)
    {
        printf("Cannot open file strike any key exit!");
        getch( );
        exit(1);
    }
    printf(" \ Please input data \ n");
    for( i=0; i<2; i++, sp++)
        scanf("%s%d%d%s", sp->name, &sp->num, &sp->age, sp->addr);
    sp=stu;
    for( i=0; i<2; i++, sp++)
        fprintf(fp,"%s %d %d %s \ n", sp->name, sp->num, sp->age, sp->
                addr);
    fclose(fp);
}
```

与例 10.2.6 相比，本程序中 fscanf 和 fprintf 函数每次只能读写一个结构数组元素，因此采用了循环语句来读写全部数组元素。还要注意指针变量 pp 和 qq，由于循环改变了它们的值，因此在程序中分别对它们重新赋予了数组的首地址。

【例 10.3.7】将上例 stu. txt 文件中存放的两条学生记录读取到结构体数组中，并显示到屏幕中。

```c
struct stu
{
    char name[10];
    int num;
    int age;
    char addr[15];
}stu[2], * sp=stu;
```

普通高等教育『十三五』规划教材

```
main( )
{
    FILE  * fp;
    char ch;
    int i;
    if( ( fp=fopen( "stu. txt" ,"w+" ) )= =NULL)
    {
        printf( "Cannot open file strike any key exit!" );
        getch( );
        exit( 1 );
    }
    for( i=0;  i<2;  i++,  sq++)
        fscanf(fp,"%s %d %d %s \ n",  sq->name,  &sq->num,  &sq->age,  sq->addr );
    printf( " \ n \ nname \ tnumber          age          addr \ n" );
    sq=stu;
    for( i=0;  i<2;  i++,  qq++)
        printf( "%s \ t%5d  %7d          %s \ n",  sq->name,  sq->num,  sq->age,
                sq->addr );
    fclose( fp );
}
```

10.3.4 数据块读取和写入

C语言还提供了用于整块数据的读写函数。可用来读写一组数据，如一个数组元素、一个结构变量的值等。读数据块函数调用的一般形式为

fread(buffer, size, count, fp);

写数据块函数调用的一般形式为

fwrite(buffer, size, count, fp);

其中 buffer 是一个指针，在 fread 函数中，它表示存放输入数据的首地址。在 fwrite 函数中，它表示存放输出数据的首地址。size 表示数据块的字节数。count 表示要读写的数据块块数。fp 表示文件指针。例如：

fread(fa, 4, 5, fp);

的意义是从 fp 所指的文件中，每次读 4 个字节(一个实数)送入实数组 fa 中，连续读 5 次，即读 5 个实数到 fa 中。

【例 10.3.8】从键盘输入两个学生数据，写入一个文件中，再读出这两个学生的数据显示在屏幕上。

```
#include<stdio. h>
struct stu
{
    char name[ 10 ];
    int num;
```

```
        int age;
        char addr[15];
    } boya[2], boyb[2], * pp, * qq;
main( )
{
    FILE  * fp;
    char ch;
    int i;
    pp = boya;
    qq = boyb;
    if( ( fp = fopen( "stu_list", "wb+" ) ) = = NULL)
    {
        printf( "Cannot open file strike any key exit!" );
        getch( );
        exit( 1 );
    }
    printf( " \ ninput data \ n" );
    for( i = 0;  i < 2;  i++,  pp++)
    scanf( "%s%d%d%s",  pp->name,  &pp->num,  &pp->age,  pp->addr);
    pp = boya;
    fwrite( pp,  sizeof( struct stu),  2,  fp);
    rewind( fp);
    fread( qq,  sizeof( struct stu),  2,  fp);
    printf( " \ n \ nname \ tnumber age addr \ n" );
    for( i = 0;  i < 2;  i++,  qq++)
    printf( "%s \ t%5d%7d%s \ n",  qq->name,  qq->num,  qq->age,  qq->addr);
    fclose( fp);
}
```

　　该程序定义了一个结构 stu，说明了两个结构数组 boya 和 boyb 以及两个结构指针变量 pp 和 qq。pp 指向 boya，qq 指向 boyb。程序以读写方式打开二进制文件"stu_list"，输入两个学生数据之后，写入该文件中，然后把文件内部位置指针移到文件首，读出两块学生数据后，在屏幕上显示。

10.4　文件的定位操作

　　前面介绍的对文件的读写方式都是顺序读写，即读写文件只能从头开始，顺序读写各个数据。但在实际问题中常要求只读写文件中某一指定的部分。为了解决这个问题，可移动文件内部的位置指针到需要读写的位置，再进行读写，这种读写称为随机读写。实现随机读写的关键是要按要求移动位置指针，这称为文件的定位。文件定位即移动文件内部位置指针的函数主要有三个：rewind 函数、fseek 函数和 ftell 函数。

1. rewind 函数

rewind 函数前面已多次使用过，其调用形式为

rewind(文件指针);

它的功能是把文件内部的位置指针移到文件首。

2. fseek 函数

fseek 函数用来移动文件内部位置指针指定位置，其调用形式为

fseek(文件指针，位移量，起始点);

其中，文件指针指向被移动的文件，位移量表示移动的字节数。要求位移量是 long 型数据，以便在文件长度大于 64KB 时不会出错。当用常量表示位移量时，要求加后缀 L。起始点表示从何处开始计算位移量，规定的起始点有三种：文件首、当前位置和文件尾。其表示方法见表 10.4.1。

表 10.4.1   **fseek 函数的起始点参数**

起 始 点	表 示 符 号	数 字 表 示
文件首	SEEK—SET	0
当前位置	SEEK—CUR	1
文件末尾	SEEK—END	2

例如：

fseek(fp，100L，0);

的意思是，把位置指针移到离文件首 100 个字节处。还要说明的是 fseek 函数一般用于二进制文件。在文本文件中由于要进行转换，故往往计算的位置会出现错误。文件的随机读写在移动位置指针之后，即可用前面介绍的任一种读写函数进行读写。由于一般是读写一个数据据块，因此常用 fread 和 fwrite 函数。下面用例题来说明文件的随机读写。

偏移量是指相对起始位置的偏移字节数，它要求是 long 型数据(可正可负)。例如：

fseek(fp，100L，1);   /*将文件指针从当前读写位置向文件尾方向移动 100 个字节*/

fseek(fp，-10L，2);   /*将文件指针从文件尾向文件头方向移动 10 个字节*/

fseek(fp，100L，0);   /*将文件指针从文件头向文件尾方向移动 100 个字节*/

fseek()函数的作用是，可以把文件指针移到文件的任何位置，实现对文件的随机读写操作。

3. ftell( )函数

在程序执行中，如果想要获取文件指针的当前位置可以使用 ftell() 函数来完成。该函数的功能是返回文件的当前读写位置。其调用的一般格式为：

ftell(fp);

其中，fp 是已定义过的文件指针。该函数如果执行成功，则返回相对于文件头的位移量(字节数)，否则返回-1L。

【例 10.4.1】在学生文件 stu_list 中读出第二个学生的数据。

#include<stdio. h>

普通高等教育『十三五』规划教材

```
struct stu
{
    char name[10];
    int num;
    int age;
    char addr[15];
}boy, * qq;
main()
{
    FILE * fp;
    char ch;
    int i=1;
    qq=&boy;
    if((fp=fopen("stu_list","rb"))==NULL)
    {
        printf("Cannot open file strike any key exit!");
        getch();
        exit(1);
    }
    rewind(fp);
    fseek(fp, i * sizeof(struct stu), 0);
    fread(qq, sizeof(struct stu), 1, fp);
    printf("\n\nname\tnumber age addr\n");
printf("%s\t%5d %7d %s\n", qq->name, qq->num, qq->age, qq->addr);
}
```

文件 stu_list 已由例 10.3.8 的程序建立,本程序用随机读出的方法读出第二个学生的数据。程序中定义 boy 为 stu 类型变量,qq 为指向 boy 的指针。以读二进制文件方式打开文件,程序中移动文件位置指针。其中的 i 值为 1,表示从文件头开始,移动一个 stu 类型的长度,然后再读出的数据即为第二个学生的数据。

10.5 实训 8

1. 编写一个名为:save_data() 的函数,将数据从结构体数组保存到文件中。
参考代码如下:
```
void save_data()
{
    FILE * fp;
    int i, k;
    k=dd.count;
    fp=fopen("c:/dada.txt","w");
```

```
        fwrite(&k, sizeof(int), 1, fp);
        for(i=0; i<k; i++)
            fwrite(&dd. b[i], sizeof(struct book), 1, fp);
        fclose(fp);
}
```

2. 编写一个名为：read_data()的函数，将数据从结构体数组保存到文件中。

参考代码如下：

```
void read_data()
{
    FILE *fp;
    int i, k;
    struct book st;
    k=0;
    if(access("c：/dada. txt", 0)= =-1)// 如果文件不存在
    {
        fp=fopen("c：/dada. txt","w");
        fwrite(&k, sizeof(int), 1, fp);
        fclose(fp);
    }
    fp=fopen("c：/dada. txt","r");
    fread(&k, sizeof(int), 1, fp);
    dd. count=k;
    for(i=0; i<k; i++)
    {
        fread(&st, sizeof(struct book), 1, fp);
        strcpy(dd. b[i]. no, st. no);
        strcpy(dd. b[i]. name, st. name);
        strcpy(dd. b[i]. writer, st. writer);
        strcpy(dd. b[i]. classifiction, st. classifiction);
        strcpy(dd. b[i]. unit, st. unit);
        strcpy(dd. b[i]. time, st. time);
        strcpy(dd. b[i]. price, st. price);
    }
    fclose(fp);
}
```

习   题

1. 若执行 fopen 函数时发生错误，则函数的返回值是_____。

    A. 地址值   B. 0 或 NULL   C. 1   D. EOF

2. 若要用 fopen 函数打开一个新的二进制文件，该文件要既能读也能写，则文件方式字符串应是_____。

    A. "ab+"   B. "wb+"   C. "rb+"   D. "ab"

3. fscanf 函数的正确调用形式是_____。

    A. fscanf(fp, 格式字符串, 输出表列)

    B. fscanf(格式字符串, 输出表列, fp);

    C. fscanf(格式字符串, 文件指针, 输出表列);

    D. fscanf(文件指针, 格式字符串, 输入表列);

4. fgetc 函数的作用是从指定文件读入一个字符，该文件的打开方式必须是_____。

    A. 只写   B. 追加   C. 读或读写   D. 答案 b 和 c 都正确

5. 函数调用语句：fseek(fp, -20L, 2); 的含义是_____（这个函数改变文件位置指针，可实现随机读写，其中第二个参数表示以起始点为基准移动的字节数，正数表示向前移动，负数表示向后退。第三个参数表示位移量的起始点，0：文件开始；1：文件当前位置；2：文件末尾）。

    A. 将文件位置指针移到距离文件头 20 个字节处

    B. 将文件位置指针从当前位置向后移动 20 个字节

    C. 将文件位置指针从文件末尾处后退 20 个字节

    D. 将文件位置指针移到离当前位置 20 个字节处

6. 得到文件位置指针的当前位置的函数是_____。

    A. rewind   B. fseek   C. ftell   D. fgetc

7. 以读/写方式打开一个已经存在的二进制文件且使文件位置指针移到文件尾，应选择的使用方式是_____。

    A. "a+"   B. "wb+"   C. "ab+"   D. "rb+"

8. 以下程序打开新文件 f.txt，并调用字符输出函数将 a 数组中的字符写入其中，请填空。

```
#include<stdio.h>
main()
{_____ * fp;
char a[5]={'1','2','3','4','5'}, i;
fp=fopen("f.txt","w");
for(i=0; i<5; i++)fputc(a[i], fp);
fclose(fp);
}
```

9. 下程序的功能：由键盘输入一个文件名，然后把从键盘输入的字符依次存放到该文件中，用#作为输入的结束标志，请将程序补充完整。

```
#include<stdio.h>
void main()
{
FILE *fp;  char ch, fname[10];
printf("input the name of file： \ n");
```

```
    gets(fname);
    if((fp=[A])==NULL)
    {   printf("not open\n");exit(0);}
    =getchar();
    printf("Enter data：\n");
    while((ch=getchar())!='#')  fputc([B],fp);
    [C]
    }
```

[A]_____   [B]_____   [C]_____

10. 从键盘输入字符序列，依次用 fputc( )函数将其保存到指定文件中。先由键盘输入文件名，然后从键盘输入字符依次保存到该文件中，用#作为结束输入的标志。

11. 从键盘输入一个字符串，将其中的小写字母全部转换成大写字母，然后输出到一个名为"test"的文件中保存。输入的字符串以"！"结束。

12. 现有一磁盘文件 file. txt，请编写一程序统计该文件所包含的字母、数字和空白字符的个数。

13. 有 5 个学生，每个学生有 3 门课程的成绩，从键盘输入学生数据(包括学号、姓名、3 门课程成绩)，计算出平均成绩，将原有数据和计算出的平均分数存放在磁盘文件"studa"中。

第11章 综合项目

本书将图书馆管理系统作为贯穿全书的一个案例。通过前面章节的实训部分，学生已经分别接触到本系统的各个部分。本章将该系统统一起来，通过一个完整实例的开发，培养学生综合运用所学知识发现问题、分析问题和解决问题的能力，提高学生的编程能力。

11.1 系统设计要求

图书信息包括：登录号、书名、作者名、分类号、出版单位、出版时间、价格等。

试设计一个图书信息管理系统，使之能提供以下功能：

(1) 系统以菜单方式工作；

(2) 图书信息录入功能（图书信息用文件保存）——输入；

(3) 图书信息浏览功能——输出；

(4) 图书信息查询功能——算法；

查询方式

    按书名查询

    按作者名查询

(5) 图书信息的删除与修改。

11.2 系统需求分析

11.2.1 设计思想

将程序设计成以菜单的方式工作；并利用 C 语言中常用的 if 语句、for 语句、while 语句，以及结构体、数组、文件等知识完成本设计；运用结构体表示图书结构；运用文件操作实现了数据的长久保存。进行完每次操作后都能返回菜单，也可从菜单中选择直接退出，其中主要利用了函数的调用。

11.2.2 系统完成功能及框图

本图书信息管理系统主要完成的功能是：以菜单方式工作，在较短的时间内完成较多的任务，节约图书信息管理的时间。其中，主要任务包括：①图书信息录入功能 ②图书信息浏览功能 ③图书信息修改功能 ④图书信息删除功能（按登录号删除）⑤图书信息查询功能（按书名及作者名查询）。功能框图如图 11.2.1 所示。

普通高等教育『十三五』规划教材

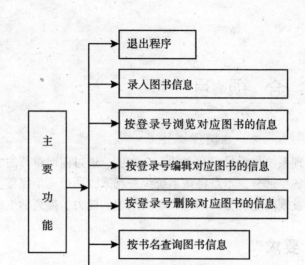

图 11.2.1　系统功能框图

11.3　系统实现

以下是具体的系统实现代码：

```c
#include <stdio. h>
#include <io. h>
#include <stdlib. h>
#include <string. h>
#define MAX 1000
//定义结构体
struct book
{
    char    no[10];                 // 登录号
    char    name[100];              // 书名
    char    writer[50];             // 作者名
    char    classifiction[10];      // 分类号
    char    unit[100];              // 出版单位
    char    time[50];               // 出版时间
    char    price[10];              // 价格
};
struct data
```

普通高等教育『十三五』规划教材

```
{
    int count;
    struct book b[MAX];
} dd;


//显示主菜单
void menu()
{
    system("cls");
    printf("\n");
    printf("\t\t\t******************************\n");
    printf("\t\t\t*                            *\n");
    printf("\t\t\t*      图书信息管理系统        *\n");
    printf("\t\t\t*                            *\n");
    printf("\t\t\t*    [0]   退出               *\n");
    printf("\t\t\t*    [1]   查看所有图书信息    *\n");
    printf("\t\t\t*    [2]   输入图书记录        *\n");
    printf("\t\t\t*    [3]   删除图书记录        *\n");
    printf("\t\t\t*    [4]   编辑图书记录        *\n");
    printf("\t\t\t*    [5]   查询(书名)          *\n");
    printf("\t\t\t*    [6]   查询(作者名)        *\n");
    printf("\t\t\t*    [7]   排序(登录号)        *\n");
    printf("\t\t\t*                            *\n");
    printf("\t\t\t******************************\n");
}
//等待用户按回车后回到主菜单
void to_menu()
{
    char c1, c2;
    printf("\n\n\n按回车键返回主菜单…");
    scanf("%c%c", &c1, &c2);
    menu();
}
//查看所有图书信息
void view_data()
{
    int i;
    printf("登陆号\t书名\t作者名\t分类号\t出版单位\t出版时间\t价格");
    printf("\n------------------------------------------------------------------------\n");
```

```
        for(i=0; i<dd. count; i++)
    printf("%s\t%s\t%s\t%s\t%s\t%s\t%s\t\n", dd. b[i]. no, dd. b[i]. name,
dd. b[i]. writer, dd. b[i]. classifiction, dd. b[i]. unit, dd. b[i]. time, dd. b[i]. price);
    }
    //将数据从结构体数组保存到文件中
    void save_data()
    {
        FILE *fp;
        int i, k;
        k=dd. count;
        fp=fopen("c: /dada. txt","w");
        fwrite(&k, sizeof(int), 1, fp);
        for(i=0; i<k; i++)
            fwrite(&dd. b[i], sizeof(struct book), 1, fp);
        fclose(fp);
    }
    //输入图书记录
    void add_data()
    {
        struct book st;
        int b;
        int k;
        while(1)
        {
            printf("\n请输入图书信息:");
            printf("\n登录号\t书名\t作者名\t分类号\t出版单位\t出版时间\t
价格");
    printf("\n-----------------------------------------------------
-----------\n");
    scanf("%s%s%s%s%s%s%s", st. no, st. name, st. writer, st. classifiction, st. unit,
st. time, st. price);
            k = dd. count;
            strcpy(dd. b[k]. no, st. no);
            strcpy(dd. b[k]. name, st. name);
            strcpy(dd. b[k]. writer, st. writer);
            strcpy(dd. b[k]. classifiction, st. classifiction);
            strcpy(dd. b[k]. unit, st. unit);
            strcpy(dd. b[k]. time, st. time);
            strcpy(dd. b[k]. price, st. price);
            dd. count++;
```

```
        printf("\n\n继续添加图书信息[1-yes 0-no]:");
        scanf("%d", &b);
        if(b==0) break;
    }
    save_data();
}
```

//将数据从文件读到结构体数组中
```
void read_data()
{
    FILE  *fp;
    int i, k;
    struct book st;
    k=0;
    if(access("c:/dada.txt", 0)==-1)// 如果文件不存在
    {
        fp=fopen("c:/dada.txt","w");
        fwrite(&k, sizeof(int), 1, fp);
        fclose(fp);
    }
    fp=fopen("c:/dada.txt","r");
    fread(&k, sizeof(int), 1, fp);
    dd.count=k;
    for(i=0; i<k; i++)
    {
        fread(&st, sizeof(struct book), 1, fp);
        strcpy(dd.b[i].no, st.no);
        strcpy(dd.b[i].name, st.name);
        strcpy(dd.b[i].writer, st.writer);
        strcpy(dd.b[i].classifiction, st.classifiction);
        strcpy(dd.b[i].unit, st.unit);
        strcpy(dd.b[i].time, st.time);
        strcpy(dd.b[i].price, st.price);
    }
    fclose(fp);
}
```

//删除图书记录
```
void delete_data()
{
    int i, k;
    char no[10];
```

```
        printf("\n请输入要删除图书的登录号:");
        scanf("%s", no);
        k=-1;
        for(i=0; i<dd. count; i++)
        {
            if(strcmp(dd. b[i]. no, no)= =0)   //字符串进行比较
            {
                k=i;
                break;
            }
        }
        if(k= =-1)
        {
            printf("\n\n没有找到该图书(登录号-%s)!", no);
        }
        else
        {
            for(k=i; k<dd. count; k++)
            dd. b[k]=dd. b[k+1];

            save_data();
            printf("\n\n删除(登录号-%s)成功!", no);
        }
    }

    //编辑图书记录
    void edit_data()
    {
        int i, k;
        char
no[10], name[100], writer[50], classifiction[10], unit[100], time[50], price[10];
        printf("\n请输入要编辑图书的登录号:");
        scanf("%s", no);
        k=-1;

        for(i=0; i<dd. count; i++)
        {
            if(strcmp(dd. b[i]. no, no)= =0)
            {
                k=i;
                break;
```

普通高等教育『十三五』规划教材

```
            }
        }
        if(k= =-1)
        {
            printf("\n\n没有找到该图书(登录号-%s)!", no);
        }
        else
        {
            printf("\n请输入图书数据:");
            printf("\n书名\t作者名\t分类号\t出版单位\t出版时间\t价格");
    printf("\n-----------------------------------------------
----------------\n");
            scanf("%s%s%s%s%s%s", name, writer, classifiction, unit, time, price);
            strcpy(dd.b[k].name, name);
            strcpy(dd.b[k].writer, writer);
            strcpy(dd.b[k].classifiction, classifiction);
            strcpy(dd.b[k].unit, unit);
            strcpy(dd.b[k].time, time);
            strcpy(dd.b[k].price, price);
            save_data();
            printf("\n\n编辑图书记录(登录号-%s)成功!", no);
        }
    }
    //查询(书名)
    void query_data_no()
    {
        int i, k;
        char name[100];
        printf("\n请输入要查询图书的书名:");
        scanf("%s", name);
        k=-1;

        for(i=0; i<dd.count; i++)
        {
            if(strcmp(dd.b[i].name, name)= =0)
            {

                k=i;
    printf("%s\t%s\t%s\t%s\t%s\t%s\t%s\t\n", dd.b[i].no, dd.b[i].name,
dd.b[i].writer, dd.b[i].classifiction, dd.b[i].unit, dd.b[i].time, dd.b[i].price);
```

```
        }
    }
    if(k==-1)
    {
        printf("\n\n没有找到该图书(书名-%s)!", name);
    }
}


//查询(作者名)
void query_data_name()
{
    int i, k;
    char writer[50];
    printf("\n请输入要查询图书的作者名:");
    scanf("%s", writer);
    k=-1;

    for(i=0; i<dd.count; i++)
    {
        if(strcmp(dd.b[i].writer, writer)==0)
        {

            k=i;
    printf("%s\t%s\t%s\t%s\t%s\t%s\t%s\t\n", dd.b[i].no, dd.b[i].name,
dd.b[i].writer, dd.b[i].classifiction, dd.b[i].unit, dd.b[i].time, dd.b[i].price);
        }
    }
    if(k==-1)
    {
        printf("\n\n没有找到该图书(作者名-%s)!", writer);
    }
}


//排序(登录号)
void sort_data_no()
{
    int i, k;
    struct book tmp;
    k=dd.count-1;
    while(k>0)
```

普通高等教育『十三五』规划教材

```
    {
        for(i=0; i<k; i++)
        {
            if(strcmp(dd. b[i]. no, dd. b[i+1]. no)>0)
            {
                tmp=dd. b[i];
                dd. b[i]=dd. b[i+1];
                dd. b[i+1]=tmp;
            }
        }
        k--;
    }
    save_data();
    printf("\n\n排序成功!");
}
//主函数
void main()
{
    int fun;
    read_data();
    menu();
    while(1)
    {
        printf("请输入功能号[0-7]:", &fun);
        scanf("%d", &fun);
        switch(fun)
        {
            case 0:      // 退出
                break;
            case 1:      // 查看所有图书信息
                view_data();
                break;
            case 2:      // 输入图书记录
                add_data();
                break;
            case 3:      // 删除图书记录
                delete_data();
                break;
            case 4:      // 编辑图书记录
                edit_data();
```

普通高等教育『十三五』规划教材

```
                break；
        case 5：      // 查询(书名)
            query_data_no()；
            break；
        case 6：      // 查询(作者名)
            query_data_name()；
            break；
        case 7：      // 排序(登录号)
            sort_data_no()；
            break；
        }
        if(fun==0) break；

        to_menu()；
    }
}
```

　　该程序代码仅供参考，读者可以根据需要进行修改。例如可以将查询功能改由二级菜单实现，也可将数据以链表的形式存放，还可以增加新的功能项。

附　录

附录 A　基本控制字符/字符与 ASCII 代码对照表

ASCII 值	控制字符	ASCII 值	字符	ASCII 值	字符	ASCII 值	字符
0	NUT	24	CAN	48	0	72	H
1	SOH	25	EM	49	1	73	I
2	STX	26	SUB	50	2	74	J
3	ETX	27	ESC	51	3	75	K
4	EOT	28	FS	52	4	76	L
5	ENQ	29	GS	53	5	77	M
6	ACK	30	RS	54	6	78	N
7	BEL	31	US	55	7	79	O
8	BS	32	（space）	56	8	80	P
9	HT	33	!	57	9	81	Q
10	LF	34	"	58	:	82	R
11	VT	35	#	59	;	83	S
12	FF	36	$	60	<	84	T
13	CR	37	%	61	=	85	U
14	SO	38	&	62	>	86	V
15	SI	39	,	63	?	87	W
16	DLE	40	(	64	@	88	X
17	DCI	41	)	65	A	89	Y
18	DC2	42	*	66	B	90	Z
19	DC3	43	+	67	C	91	[
20	DC4	44	,	68	D	92	\
21	NAK	45	–	69	E	93	]
22	SYN	46	.	70	F	94	^
23	TB	47	/	71	G	95	–

续表

ASCII 值	控制字符	ASCII 值	字符	ASCII 值	字符	ASCII 值	字符
96	、	104	h	112	p	120	x
97	a	105	i	113	q	121	y
98	b	106	j	114	r	122	z
99	c	107	k	115	s	123	{
100	d	108	l	116	t	124	l
101	e	109	m	117	u	125	}
102	f	110	n	118	v	126	~
103	g	111	o	119	w	127	DEL

附录 B　C 语言操作符的优先级

优先级	操 作 符	说　明	结合方向
1	( ) [ ] → .	圆括号，下标运算符，指向结构体成员运算符，结构体成员运算符	自左向右
2	! ~ ++ -- - (type) * & sizeof	逻辑非运算符，按位取反运算符，自增运算符，自减运算符，负号运算符，类型转换运算符，指针运算符，地址与运算符，长度运算符	自右向左
3	* / %	乘法运算符，除法运算符，取余运算符	自左向右
4	+ -	加法运算符，减法运算符	自左向右
5	<< >>	左移运算符，右移运算符	自左向右
6	<= >=	关系运算符	自左向右
7	== !=	等于运算符，不等于运算符	自左向右
8	&	按位与运算符	自左向右
9	^	按位异或运算符	自左向右
10	|	按位或运算符	自左向右
11	&&	逻辑与运算符	自左向右
12	||	逻辑或运算符	自左向右
13	? :	条件运算符	自右向左
14	= += -= *= /= %= >>= <<= &= ^= |=	赋值运算符	自右向左
15	,	逗号运算符	自左向右

普通高等教育「十三五」规划教材

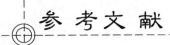

[1] Paul S. R. Chisholm. C语言编程常见问题解答[M]. 张芳妮，等，译. 北京：清华大学出版社，2001.

[2] Brian W. Kernighan. C语言程序设计[M]. 徐宝文，等，译. 北京：机械工业出版社，2002.

[3] 何钦铭，颜晖. C语言程序设计[M]. 北京：高等教育出版社，2008.

[4] 李春葆. C语言习题与解析(2版)[M]. 北京：清华大学出版社，2004.

[5] 谭浩强. C语言程序设计(3版)[M]. 北京：清华大学出版社，2005.

[6] 明日科技. C语言从入门到精通(2版)[M]. 北京：清华大学出版社，2012.